职业教育"十三五"计算机应用人才培养规划教材

计算机应用拓展训练

主 编 李晓磊 马文义 苗占玲

北京理工大学出版社
BEIJING INSTITUTE OF TECHNOLOGY PRESS

内容简介

计算机应用基础拓展训练是计算机应用基础课程的配套拓展实训课程。

本课程从实用角度出发，选取的实例贴近实际，力求做到典型、生动，充分体现"学做结合，理实一体"，做到拓展知识、提高技能、服务社会的同时，又不失趣味性。

版权专有　侵权必究

图书在版编目（CIP）数据

计算机应用拓展训练 / 李晓磊，马文义，苗占玲主编 . —北京：北京理工大学出版社，2018.7

ISBN 978-7-5682-5881-4

Ⅰ．①计…　Ⅱ．①李…②马…③苗…　Ⅲ．①计算机应用　Ⅳ．① TP39

中国版本图书馆 CIP 数据核字（2018）第 156579 号

出版发行 / 北京理工大学出版社有限责任公司
社　　址 / 北京市海淀区中关村南大街 5 号
邮　　编 / 100081
电　　话 /（010）68914775（总编室）
　　　　　（010）82562903（教材售后服务热线）
　　　　　（010）68948351（其他图书服务热线）
网　　址 / http：//www.bitpress.com.cn
经　　销 / 全国各地新华书店
印　　刷 / 保定华泰印刷有限公司
开　　本 / 787 毫米 × 1092 毫米　1/16
印　　张 / 13
字　　数 / 302 千字
版　　次 / 2018 年 7 月第 1 版　2018 年 7 月第 1 次印刷
定　　价 / 34.50 元

责任编辑 / 王玲玲
文案编辑 / 王玲玲
责任校对 / 周瑞红
责任印制 / 边心超

图书出现印装质量问题，请拨打售后服务热线，本社负责调换

职业教育"十三五"计算机应用人才培养规划教材指导委员会

主　任　岳国武
副主任　卢站桥　张华超
委　员　张新忠　贺永帅　刘建军
　　　　　赵立华

本书编写组

主　编　李晓磊　马文义　苗占玲
副主编　郝艳宁　赵会者　赵少纯
　　　　　王桂琴　刘　钰
参　编　胡清华　陈建芳　张　岩
　　　　　李　庆　赵兰英

通过本课程的学习，使学生在熟练掌握 Office 2010 办公软件基本知识的基础上，进一步提升知识、技能，为将来从事计算机应用工作打下坚实的基础，从而更好地适应信息时代的需求。

通过本书的学习，学生应掌握以下内容：

1. Word 2010：文字的处理；表格的处理；图形制作；图、文、表的混排操作；长文档的处理；邮件合并功能。

2. Excel 2010：表格的格式化修饰；公式、常见函数的使用；条件格式、排序、筛选、分类汇总、合并计算、模拟分析及运算操作；不同类型图表的创建、编辑及格式化操作；数据透视表的创建及使用。

3. PowerPoint 2010：演示文稿中幻灯片版式、主题、幻灯片放映形式的选择，以及幻灯片切换效果的添加和幻灯片中不同元素的动画设置；超链接、动作按钮的设置；演示文稿中声音、视频等的插入，会使用常见的控件插入其他对象；幻灯片母版的使用及演示文稿的打包操作。

本书以就业和技能竞赛为导向，精心挑选实际生活中各行业相关实用的案例，使学生能够在掌握软件功能和制作技巧的基础上，提高实际操作能力，并能利用配套资源和在线评分系统进行学习，实时评价，及时纠错，以便更好地发现问题并解决问题。

本书配套的学习资源有实例素材文件、效果文件、PPT 课件、视频教学录像、拓展练习。书中各种学习资料及拓展实例都可以通过在线方式获取。

Office 办公软件应用涉及办公、电商、平面设计、财会、网络维护、动漫等多种行业，使用领域非常广泛。本书作为计算机应用基础课程的配套拓展实训课程，适合各行各业人员参考使用。

由于写作时间仓促，加之作者水平有限，书中不足之处在所难免，恳请广大专家和读者批评指正。

作　者

目录

1 Word 2010 文字处理 /1

1.1 创建并编辑文档——自荐书 /2
- 1.1.1 文字内容快速输入 /2
- 1.1.2 字体、段落格式设置 /5
- 1.1.3 查找、替换 /8
- 1.1.4 拓展训练 /10
- 1.1.5 学习反馈 /20

1.2 表格——销售清单 /21
- 1.2.1 创建及编辑表格 /21
- 1.2.2 表格的格式设置 /23
- 1.2.3 表格数据的计算 /25
- 1.2.4 拓展训练 /26
- 1.2.5 学习反馈 /29

1.3 绘制图形——绘制交通标识符 /30
- 1.3.1 绘制与编辑图形 /30
- 1.3.2 添加文字标识 /32
- 1.3.3 拓展训练 /33
- 1.3.4 学习反馈 /35

1.4 电子板报排版——端午佳节 /36
- 1.4.1 页面设置 /36
- 1.4.2 版面布局 /37
- 1.4.3 插入图片 /37
- 1.4.4 插入艺术字 /39
- 1.4.5 拓展训练 /39
- 1.4.6 学习反馈 /40

1.5 长文档的编辑与管理——毕业论文排版 /41
- 1.5.1 定义并使用样式 /41
- 1.5.2 文档分页、分节与分栏 /45
- 1.5.3 设置页眉、页脚与页码 /49
- 1.5.4 在文档中添加引用内容 /52
- 1.5.5 创建文档目录 /55
- 1.5.6 拓展训练 /56
- 1.5.7 学习反馈 /63

1.6 邮件合并——邀请函 /64
- 1.6.1 创建主文档 /64
- 1.6.2 创建数据源文件 /66
- 1.6.3 邀请函邮件合并 /66
- 1.6.4 拓展训练 /69
- 1.6.5 学习反馈 /73

2 Excel 电子表格处理 /74

2.1 数据编辑——制作校历 /75
- 2.1.1 输入和编辑数据 /75
- 2.1.2 整理和修饰表格 /77
- 2.1.3 打印输出工作表 /78
- 2.1.4 拓展训练 /81
- 2.1.5 学习反馈 /85

2.2 数据分析——建立成绩分析表 /86
- 2.2.1 建立各科成绩表 /86
- 2.2.2 由各科成绩表生成"成绩汇总表" /88
- 2.2.3 成绩表的排序与筛选 /91
- 2.2.4 建立成绩统计表、统计图 /96
- 2.2.5 拓展训练 /98
- 2.2.6 学习反馈 /102

2.3 VLOOKUP 函数——图书销售管理 /103
- 2.3.1 利用"套用表格格式"对"订单明细表"进行格式设置 /103
- 2.3.2 利用 VLOOKUP 函数计算"订单明细表"的"图书名称"列 /104
- 2.3.3 利用 VLOOKUP 函数计算"订单明细表"的"单价"列 /108
- 2.3.4 利用公式计算"订单明细表"的"小计"列 /109
- 2.3.5 拓展训练 /109

2.3.6　学习反馈 / 114
2.4　透视表、透视图——教师上课情况分析 / 115
　　　2.4.1　基本数据格式修改 / 116
　　　2.4.2　分时间段统计教师上课情况 / 117
　　　2.4.3　制作透视表的同时制作透视图 / 119
　　　2.4.4　拓展训练 / 121
　　　2.4.5　学习反馈 / 130
2.5　模拟分析与运算——银行还贷款 / 131
　　　2.5.1　模拟运算表的概念　/ 131
　　　2.5.2　使用"模拟运算表"计算不同还款年限的月还款金额 / 131
　　　2.5.3　拓展训练 / 133
　　　2.5.4　学习反馈 / 139
2.6　图表操作——建立公司利润表 / 140
　　　2.6.1　数据录入与公式计算 / 140
　　　2.6.2　创建图表 / 142
　　　2.6.3　编辑图表 / 143
　　　2.6.4　拓展训练 / 146
　　　2.6.5　学习反馈 / 149

3　PowerPoint 演示文稿制作 / 150

3.1　幻灯片母版制作——自我介绍 / 151
　　　3.1.1　幻灯片输入提示 / 151
　　　3.1.2　利用母版功能快速设置文字格式 / 152
　　　3.1.3　在母版中插入图片作为幻灯片的背景 / 153
　　　3.1.4　调整每张幻灯片中对象的位置及格式 / 154
　　　3.1.5　在每张幻灯片中插入日期、幻灯片编号及页脚处显示人生格言 / 155
　　　3.1.6　拓展训练 / 156
　　　3.1.7　学习反馈 / 160

3.2　插入相册——制作电子相册 / 161
　　　3.2.1　新建相册、插入图片 / 162
　　　3.2.2　相册内容、版式设置 / 164
　　　3.2.3　幻灯片标题设置 / 166
　　　3.2.4　幻灯片动画及幻灯片切换效果设置 / 167
　　　3.2.5　拓展训练 / 168
　　　3.2.6　学习反馈 / 170
3.3　动作按钮、幻灯片链接——互动选择题 / 171
　　　3.3.1　"互动选择题"幻灯片初步制作 / 171
　　　3.3.2　插入动作按钮，设置链接 / 173
　　　3.3.3　设置"选项"超级链接 / 177
　　　3.3.4　拓展训练 / 179
　　　3.3.5　学习反馈 / 181
3.4　动画效果、幻灯片切换效果——环保公益宣传片 / 182
　　　3.4.1　选择幻灯片模板 / 183
　　　3.4.2　幻灯片的版式 / 184
　　　3.4.3　设置动画效果 / 184
　　　3.4.4　设置幻灯片切换效果 / 185
　　　3.4.5　拓展训练 / 186
　　　3.4.6　学习反馈 / 188
3.5　幻灯片放映设置与演示文稿打包——学校宣传片 / 189
　　　3.5.1　设置幻灯片版式 / 190
　　　3.5.2　设置动画效果 / 190
　　　3.5.3　设置幻灯片切换效果 / 191
　　　3.5.4　自定义放映 / 191
　　　3.5.5　演示文稿打包 / 193
　　　3.5.6　拓展训练 / 194
　　　3.5.7　学习反馈 / 195

附件：学生拓展训练测评情况汇总 / 196

教师寄语　　　　200

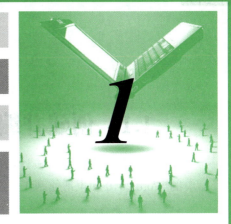

Word 2010 文字处理

- ■ 创建并编辑文档——自荐书
- ■ 表格——销售清单
- ■ 绘制图形——绘制交通标识符
- ■ 电子板报排版——端午佳节
- ■ 长文档的编辑与管理——毕业论文排版
- ■ 邮件合并——邀请函

1.1 创建并编辑文档——自荐书

王聪是一名职业学校计算机专业的应届毕业生，面临找工作的关键时期。请您利用已学的 Word 2010 知识帮他制作一份自荐书，并设置文字、段落格式。效果图如图 1–1–1 所示。

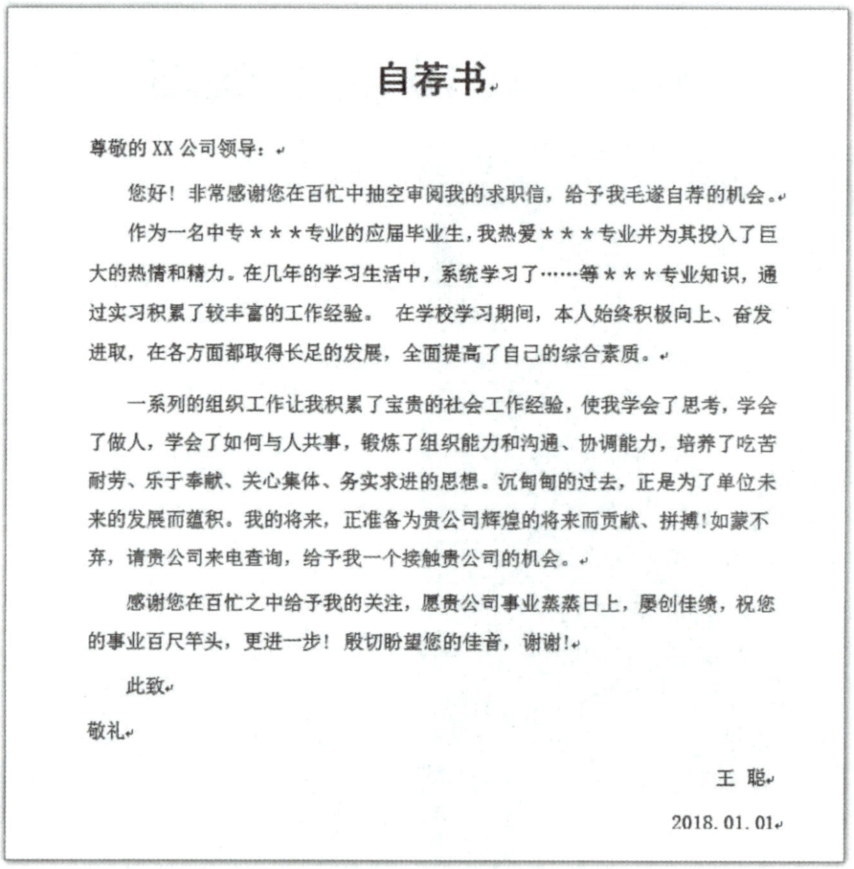

自荐书

尊敬的 XX 公司领导：

您好！非常感谢您在百忙中抽空审阅我的求职信，给予我毛遂自荐的机会。

作为一名中专＊＊＊专业的应届毕业生，我热爱＊＊＊专业并为其投入了巨大的热情和精力。在几年的学习生活中，系统学习了……等＊＊＊专业知识，通过实习积累了较丰富的工作经验。 在学校学习期间，本人始终积极向上、奋发进取，在各方面都取得长足的发展，全面提高了自己的综合素质。

一系列的组织工作让我积累了宝贵的社会工作经验，使我学会了思考，学会了做人，学会了如何与人共事，锻炼了组织能力和沟通、协调能力，培养了吃苦耐劳、乐于奉献、关心集体、务实求进的思想。沉甸甸的过去，正是为了单位未来的发展而蕴积。我的将来，正准备为贵公司辉煌的将来而贡献、拼搏！如蒙不弃，请贵公司来电查询，给予我一个接触贵公司的机会。

感谢您在百忙之中给予我的关注，愿贵公司事业蒸蒸日上，屡创佳绩，祝您的事业百尺竿头，更进一步！殷切盼望您的佳音，谢谢！

此致

敬礼

王 聪

2018. 01. 01

图 1–1–1 自荐书效果图

1.1.1 文字内容快速输入

文字内容请参考自荐书效果图，如图 1–1–1 所示。

【Step01】新建文档

方法一：在“开始”菜单中，启动 Word 2010 应用程序，如图 1–1–2 所示。打开 Word 2010 工作窗口，新建“文档 1”，如图 1–1–3 所示。

1 Word 2010 文字处理

图 1-1-2　启动 Word 应用程序

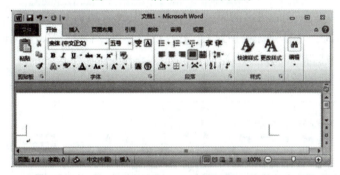

图 1-1-3　新建 Word 文件"文档 1"

方法二：在已打开的 Word 2010 应用程序窗口中，新建 Word 文件"文档 1"，如图 1-1-4 所示。

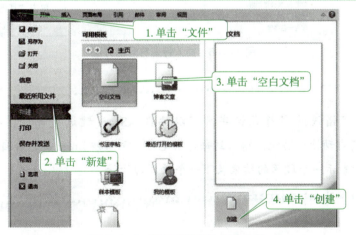

图 1-1-4　利用"菜单"创建文件

3

【Step02】选择输入法

方法一：单击任务栏上的"语言指示器"按钮，在输入法列表中选择所需的输入法，如图1-1-5所示。

方法二：按组合键Ctrl+空格可以在中/英文输入法之间切换；按组合键Ctrl+Shift可以在各种输入法之间循环切换；按组合键Shift+空格可以在全角/半角之间切换。

图1-1-5 输入法列表

【Step03】录入文本

如图1-1-3所示，在新建的空白文档中，有一个不断闪烁的光标，在此处开始输入自荐书的文字、日期、符号等内容。

插入符号方法：

（1）对于键盘上有的符号，直接按对应键输入。

（2）键盘上没有的符号的输入方法：单击"插入"菜单中的"符号"下拉按钮，找到所需符号，单击即可。如已列出的常用特殊符号中没有所需符号，可单击"其他符号"，打开"符号"对话框，找到所需符号后单击，然后单击"插入"按钮，即可将所需符号插入插入点。插入特殊符号的方法如图1-1-6所示。

文本录入完成后的效果如图1-1-7所示。

图1-1-6 插入特殊符号的方法

技巧点拨：

如果输入了错误的字符或汉字，可以按BackSpace键进行删除，再继续输入。Word 2010具有自动换行功能，输入到每行末尾时，无须按Enter键，会自动换行。

按Enter键表示一个段落的结束及下一个段落的开始。

图 1-1-7　文本录入完成后的效果

【Step04】保存文档

方法一：选择"文件"菜单，执行"保存"命令，保存文件，如图 1-1-8 所示。
方法二：单击"常用"工具栏上的"保存"按钮。
方法三：直接按 Ctrl+S 快捷键保存文档，命名为"自荐书"，如图 1-1-9 所示。

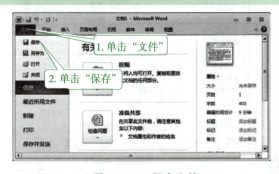

图 1-1-8　保存文件

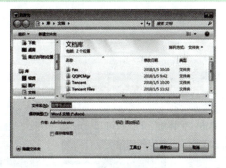

图 1-1-9　命名为"自荐书"

1.1.2　字体、段落格式设置

【Step01】设置标题格式

方法一：利用工具按钮。选中标题"自荐书"，在"开始"选项卡中设置"字体"，在"字体"下拉列表框中选择"黑体"；在"字号"下拉列表框中选择字号为"二号"；字形选择"加粗"；字体颜色为"蓝色"。标题对齐方式为"居中"，段前、段后间距为"1 行"。设置标题格式如图 1-1-10 所示。

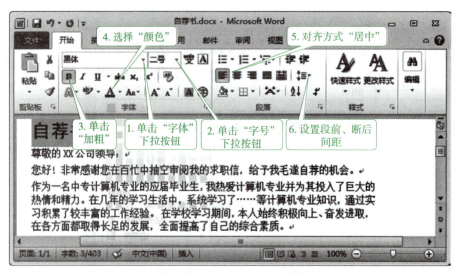

图1-1-10 设置标题格式

方法二： 利用对话框。选中正文文本，单击字体组右下角的 按钮，打开"字体"对话框，设置字体为"宋体"，字号为"小四"，字体颜色为"蓝色"，如图1-1-11和图1-1-12所示。

图1-1-11 选择正文文字

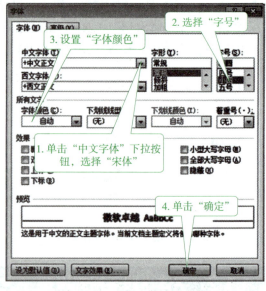

图1-1-12 设置正文文字格式

【Step02】设置段落格式

方法一： 利用工具按钮。

（1）利用"段落缩进"。选中正文第1~5段，设置首行缩进2字符，如图1-1-13和图1-1-14所示。

（2）利用段落对齐方式。选中"姓名"和"日期"行，设置对齐方式为"右对齐"，如图1-1-15所示。

（3）利用行间距。选中正文文本，设置行间距为"1.5 行"，如图 1-1-16 所示。

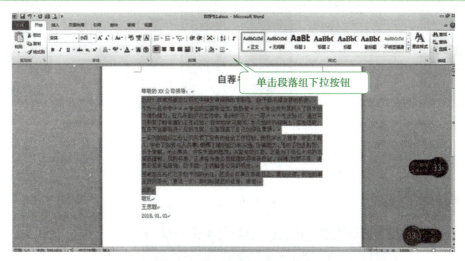

图 1-1-13　设置"段落"模式

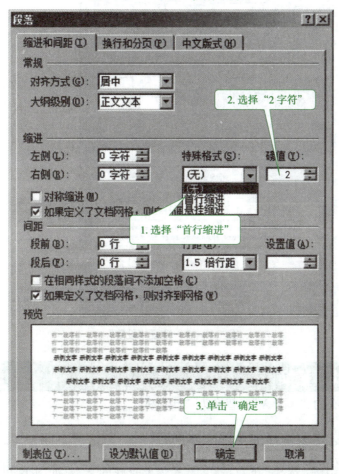

图 1-1-14　设置"首行缩进"

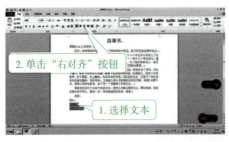

图 1-1-15　设置"右对齐"　　　　图 1-1-16　设置"行间距"

方法二：利用对话框。打开"段落"对话框，设置对齐方式、特殊格式、段前和段后间距、行间距。选定要设置格式的文本，单击"段落组"按钮，打开"段落"对话框，根据要求分别进行设置即可，如图 1-1-17 所示。

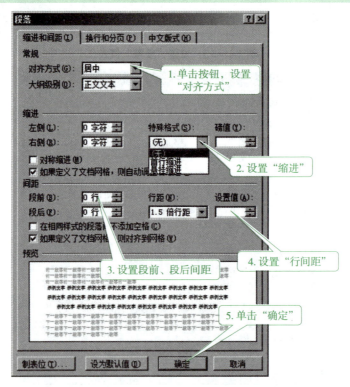

图 1-1-17　设置"段落"

1.1.3 查找、替换

查找正文中所有的"＊＊＊"，替换为"计算机"。

【Step01】选定要查找的全部文本内容

单击"编辑"组的"选择"下拉按钮，选择需要查找的文本，如图 1-1-18 和图 1-1-19 所示。

图1-1-18 选择下拉按钮的级联菜单　　图1-1-19 全选效果

【Step02】进行"查找"和"替换"

单击"查找"下拉按钮,打开下拉菜单,如图1-1-20所示。
选择"高级查找",打开图1-1-21所示的"查找和替换"对话框。

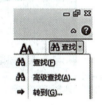 

图1-1-20 "查找"下拉菜单　　图1-1-21 "查找和替换"对话框

单击"更多"按钮,打开图1-1-22所示对话框。
在"查找内容"框中输入要查找的内容,单击"替换"选项卡,如图1-1-23所示。

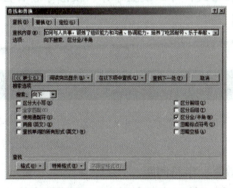 

图1-1-22 "查找和替换"对话框　　图1-1-23 "替换"选项卡

技巧点拨:

"替换"可以逐一进行替换。

"全部替换"可以一次性将符合条件的全部替换。

单击"全部替换"按钮,将打开图1-1-24所示的询问对话框。
单击"是"按钮,将打开图1-1-25所示的"确认"对话框,单击"确定"按钮,即完成替换操作,如图1-1-26所示。

图 1-1-24　询问对话框　　　　图 1-1-25　"确认"对话框

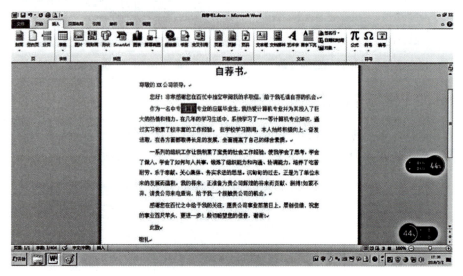

图 1-1-26　完成效果图

技巧点拨：

替换中"格式"与"特殊格式"的说明：格式，可以设置字体、段落等各种格式；特殊格式，包含段落标记、制表符等各种符号。

1.1.4　拓展训练

知识拓展

（1）中英文快速录入。

（2）常用字符格式的设置：字体、字形和效果、字符间距。

（3）特殊字符格式的设置：拼音指南、带圈字符、字符加边框、字符加底纹、字符加删除线。

（4）段落格式的设置：段落对齐方式、段落缩进、段落间距与行间距、段落边框、段落底纹、符号和编号、首字下沉。

（5）中文版式的设置：纵横混排、双行合一、合并字符。

（6）中文繁简转换。

（7）查找、替换。

（8）文字、段落格式的综合应用。

随堂练习

1. 文章录入

小丽的英语口语说得非常流利,她报名参加了电视台举办的中学生英语口语表演大赛,选择了《以书为伴(节选)》这篇文章的英文稿子,为了便于准备,请你帮助她快速录入中英文对照稿子的电子版。

训练目的:熟练中英文快速录入。

训练要求:

(1)新建 Word 2010 空白文档。

(2)输入标题和正文内容。

(3)准确、快速地输入文章内容,注意中文、英文、大小写、标点符号等的切换。

(4)注意 Enter 键的使用。

(5)保存文档。

训练时长:1 课时。

训练建议:教师指导学生分析样例,引导学生完成任务。

参考样例:

Companionship of Books 以书为伴(节选)

A man may usually be known by the books he reads as well as by the company he keeps; for there is a companionship of books as well as of men; and one should always live in the best company, whether it be of books or of men.

通常看一个人读些什么书就可知道他的为人,就像看他同什么人交往就可知道他的为人一样,因为有人以人为伴,也有人以书为伴。无论是书友还是朋友,我们都应该以最好的为伴。

A good book may be among the best of friends. It is the same today that it always was, and it will never change. It is the most patient and cheerful of companions. It does not turn its back upon us in times of adversity or distress. It always receives us with the same kindness; amusing and instructing us in youth, and comforting and consoling us in age.

好书就像是你最好的朋友。它始终不渝,过去如此,现在如此,将来也永远不变。它是最有耐心、最令人愉悦的伴侣。在我们穷愁潦倒,临危遭难时,它也不会抛弃我们,对我们总是一如既往的亲切。在我们年轻时,好书陶冶我们的性情,增长我们的知识;到我们年老时,它又给我们以慰藉和勉励。

Men often discover their affinity to each other by the mutual love they have for a book just as two persons sometimes discover a friend by the admiration which both Entertain for a third. There is an old proverb,"Love me, love my dog."But there is more wisdom in this:"Love me, love my book."The book is a truer and higher bond of union. Men can think, feel, and sympathize with each other through their favorite author. They live in him together, and he in them.

人们常常因为喜欢同一本书而结为知己,就像有时两个人因为敬慕同一个人而成为朋友一样。有句古谚说道："爱屋及乌。"其实"爱我及书"这句话蕴含更多的哲理。书是更为真诚而高尚的情谊纽带。人们可以通过共同喜爱的作家沟通思想，交流感情，彼此息息相通，并与自己喜欢的作家思想相通，情感相融。

A good book is often the best urn of a life enshrining the best that life could think out; for the world of a man's life is, for the most part, but the world of his thoughts. Thus the best books are treasuries of good Words, the golden thoughts, which, remembered and cherished, become our constant companions and comforters.

好书常如最精美的宝器，珍藏着人生的思想的精华，因为人生的境界主要就在于其思想的境界。因此，最好的书是金玉良言和崇高思想的宝库，这些良言和思想若铭记于心并多加珍视，就会成为我们忠实的伴侣和永恒的慰藉。

Books possess an essence of immortality. They are by far the most lasting products of human effort. Temples and statues decay, but books survive. Time is of no account with great thoughts, which are as fresh today as when they first passed through their author's minds, ages ago. What was then said and thought still speaks to us as vividly as ever from the printed page. The only effect of time have been to sift out the bad products; for nothing in literature can long survive e but what is really good.

书籍具有不朽的本质，是为人类努力创造的最为持久的成果。寺庙会倒塌，神像会朽烂，而书却经久长存。对于伟大的思想来说，时间是无关紧要的。多年前初次闪现于作者脑海的伟大思想今日依然清新如故。时间唯一的作用是淘汰不好的作品，因为只有真正的佳作才能经世长存。

Books introduce us into the best society; they bring us into the presence of the greatest minds that have ever lived. We hear what they said and did; we see the as if they were really alive; we sympathize with them, enjoy with them, grieve with them; their experience becomes ours, and we feel as if we were in a measure actors with them in the scenes which they describe.

书籍介绍我们与最优秀的人为伍，使我们置身于历代伟人巨匠之间，如闻其声，如观其行，如见其人，同他们情感交融，悲喜与共，感同身受。我们觉得自己仿佛在作者所描绘的舞台上和他们一起粉墨登场。

The great and good do not die, even in this world. Embalmed in books, their spirits walk abroad. The book is a living voice. It is an intellect to which on still listens.

即使在人世间，伟大杰出的人物也永生不来。他们的精神被载入书册，传于四海。书是人生至今仍在聆听的智慧之声，永远充满着活力。

2. 古文赏析

语文课老师是一位精益求精的老师，为了让同学们深入地理解古文的精美用笔，总是逐字逐句标注、分析、详解，你非常喜欢上语文课。教师节快要到了，为了给老师一个惊喜，请利用已学到的知识，做一份古文赏析的文档。

训练目的： 熟练字符格式的设置。

1 Word 2010 文字处理

训练要求：

（1）新建 Word 2010 空白文档。

（2）输入标题和正文内容。

（3）标题设置：第一行黑体，四号字，粗体，加双线下划线，字符加宽 3 磅，文本效果"蓝色，11pt 发光，强调颜色 1"；第二行隶书，三号字；诗文楷体，四号字。

（4）诗句"山不在高，有仙则名；水不在深，有龙则灵。"加上"波浪线"，颜色"红色"。

（5）最后一段中，"简介："为黑体初号字、首字下沉 3 行、距正文 0 厘米，其他文字为仿宋五号字。

（6）"馨"加上拼音；"鸿儒"和"白丁"加上着重号，颜色"红色"。

（7）简介中的"铭"设为带圈字符，颜色"蓝色"。

（8）代表诗作名称用"青色突出显示文本"。

训练时长： 1 课时。

训练建议： 教师指导学生分析样例，引导学生完成任务。

参考样例：

素材：

陋室铭

刘禹锡

　　山不在高，有仙则名；水不在深，有龙则灵。斯是陋室，惟吾德馨。苔痕上阶绿，草色入帘青；谈笑有鸿儒，往来无白丁。可以调素琴，阅金经；无丝竹之乱耳，无案牍之劳形。南阳诸葛庐，西蜀子云亭。孔子云："何陋之有？"

　　简介：刘禹锡（772—842），字梦得，唐代彭城（今江苏徐州）人。刘禹锡是中唐时期的一位进步的思想家、优秀的诗人，秉性耿介傲岸、虽屡遭贬谪而顽强不屈。代表诗作有《竹枝词》《杨柳枝词》等。铭，是古代文体的一种，多为诫勉而作。本文通过对自己简陋居室的描写，表现了作者洁身自好，孤芳自赏，不与世俗权贵同流合污的思想情趣。

效果：

陋 室 铭

刘禹锡

山不在高，有仙则名；水不在深，有龙则灵。斯是陋室，惟吾德馨(xīn)。苔痕上阶绿，草色入帘青；谈笑有鸿儒，往来无白丁。可以调素琴，阅金经；无丝竹之乱耳，无案牍之劳形。南阳诸葛庐，西蜀子云亭。孔子云："何陋之有？"

简介： 刘禹锡（772—842），字梦得，唐代彭城（今江苏徐州）人。刘禹锡是中唐时期的一位进步的思想家、优秀的诗人，秉性耿介傲岸、虽屡遭贬谪而顽强不屈。代表诗作有《竹枝词》《杨柳枝词》等。铭，是古代文体的一种，多为诫勉而作。本文通过对自己简陋居室的描写，表现了作者洁身自好、孤芳自赏，不与世俗权贵同流合污的思想情趣。

3. 专业特色介绍

为了迎接新同学的到来，学校要求各专业展示自己专业的特色优势。请你利用自己已学的 Word 字符、段落设置知识为本专业设计一份精美的专业特色介绍。

训练目的： 学会字符、段落格式设置。

训练要求：

（1）新建 Word 2010 空白文档。

（2）输入标题和正文内容。

（3）标题设置：字体"华文彩云"，颜色"浅蓝"，字号"小初"，对齐方式"居中"，段前、段后"1行"。

（4）将"Translation of Computer Specialties"文字设置边框"阴影"、样式"直线"、颜色"绿色"、宽度"1.5磅"、对齐方式"居中"。

（5）设置正文其他文字字体为"宋体"、字号"五号"。

（6）将除标题行外的所有正文段落设置如下：首行缩进2个字符，行距"1.5倍行距"，对齐方式为左对齐，段前距为0.35行。每段开头第一个字"首字下沉"，下沉两行，距正文0厘米。

（7）一级标题：字体"黑体"，字号"小三"，加底纹；二级标题：字体"宋体"，字号"小四号"，颜色"深蓝"。

（8）将开设的专业课课程名称突出显示为"青绿"。

（9）保存文档名称"专业特色介绍"。

训练时长： 1课时。

训练建议： 教师指导学生分析样例，引导学生完成任务。

参考样例：

素材：

计算机专业特色介绍
Translation of Computer Specialties
一、国内形势
据国家经贸委经济信息中心权威部门调查表明：国内企业普遍缺乏信息化人才，特别是缺乏既懂业务理论又懂信息技术的复合型人才。计算机应用专业"技能型人才"是我国紧缺的 4 类人才之一。随着我国信息化建设的全面推进，全国科学、工业、国防、教育等各行各业对计算机应用人才的需求量每年将增加百万人左右。

二、我校计算机专业介绍

1. 师资实训条件

我校计算机专业自 1995 年开始招生，至今已有 17 年，培养学生 1500 人。现有专业课教师 27 人，全部具有高级工技能等级证书，为双师型教师。现有计算机专业实训室共 10 个，其中办公自动化实训室 2 个、软件开发实训室 1 个、网络搭建实训室 1 个、平面设计实训室 2 个、网站制作实训室 1 个、动画制作实训室 1 个、计算机组装实训室 2 个。学生实训用计算机近 400 台。可充分满足我校计算机专业和非计算机专业的计算机课教学需求。

2. 开设课程

语数外三门文化课，五门德育课，还开设普通话、礼仪、就业指导、创业教育、茶文化、酒文化等特色课程，其他全部为专业课：美术、计算机基础（办公自动化信息处理 Office）、中英文录入技术、平面设计（数字图像处理软件 Photoshop）、网页制作（Pagemaker7.0\Flash CS）、网站制作（Dreamweaver\Fireworks）、动画制作（3D Max 7.0）、多媒体课件开发（Authorware 7.0）、多媒体技术应用、局域网组建与维护、计算机组装与维修。

3. 教学方式

以课堂讲授与实训演练相结合、理论知识与技能操作相结合、强化训练与技能比赛相结合的原则进行授课。为保证每个学生在校期间都能进步，我们将针对学生的具体情况进行因材施教，通过任务引领教程对学生实施"任务驱动教学"。通过学习文化知识和专业知识，让同学们具备基本的文化素质、较强的交流与沟通能力、熟练的计算机操作能力与维护能力。

三、计算机专业的发展前景

学习多媒体应用技术后，能够具备美术的基本素质，能进行平面设计，能制作二维、三维动画，能进行影音编辑，具备编写交互式演示软件的能力，毕业可以在数码相片冲洗业、广告公司、彩印中心、图片社、出版社、杂志社、报社、电视台、动画制作公司、展览展示公司、建筑及室内设计公司等从事多媒体技术应用工作。学习网络技术及应用专业后，可掌握计算机软硬件配置、网络布线、网络操作系统、网络协议等基础知识，能安装、配置、维护、管理中小型网站，能从事网站的搭建、配置、维护和计算机应用支持工作。可从事网站的建立、发布、维护与管理工作，也可从事计算机网络产品销售技术服务工作，其他社会需要的各类公司、企事业单位从事办公自动化工作，以及计算机维护工作等与计算机相关的行业。

效果：

计算机专业特色介绍

Translation of Computer Specialties

一、国内形势

据国家经贸委经济信息中心权威部门调查表明：国内企业普遍缺乏信息化人才，特别是缺乏既懂业务理论又懂信息技术的复合型人才。计算机应用专业"技能型人才"是我国紧缺的4类人才之一。随着我国信息化建设的全面推进，全国科学、工业、国防、教育等各行各业对计算机应用人才的需求量每年将增加百万人左右。

二、我校计算机专业介绍

1. 师资实训条件

我校计算机专业自1995年开始招生，至今已有17年，培养学生1500人。现有专业课教师27人，全部具有高级工技能等级证书，为双师型教师。现有计算机专业实训室共10个，其中办公自动化实训室2个、软件开发实训室1个、网络搭建实训室1个、平面设计实训室2个、网站制作实训室1个、动画制作实训室1个、计算机组装实训室2个。学生实训用计算机近400台。可充分满足我校计算机专业和非计算机专业的计算机课教学需求。

2. 开设课程

语数外三门文化课，五门德育课，还开设普通话、礼仪、就业指导、创业教育、茶文化、酒文化等特色课程，其他全部为专业课：美术、计算机基础（办公自动化信息处理Office）、中英文录入技术、平面设计（数字图像处理软件Photoshop）、网页制作（Pagemaker7.0\Flash CS）、网站制作（Dreamweaver\Fireworks）、动画制作（3D Max 7.0）、多媒体课件开发（Authorware 7.0）、多媒体技术应用、局域网组建与维护、计算机组装与维修。

3. 教学方式

以课堂讲授与实训演练相结合、理论知识与技能操作相结合、强化训练与技能比赛相结合的原则进行授课。为保证每个学生在校期间都能进步，我们将针对学生的具体情况进行因材施教，通过任务引领教程对学生实施"任务驱动教学"。通过学习文化知识和专业知识，让同学们具备基本的文化素质、较强的交流与沟通能力、熟练的计算机操作能力与维护能力。

三、计算机专业的发展前景

学习多媒体应用技术后，能够具备美术的基本素质，能进行平面设计，能制作二维、三维动画，能进行影音编辑，具备编写交互式演示软件的能力，毕业可以在数码相片冲洗业、广告公司、彩印中心、图片社、出版社、杂志社、报社、电视台、动画制作公司、展览展示公司、建筑及室内设计公司等从事多媒体技术应用工作。学习网络技术及应用专业后，可掌握计算机软硬件配置、网络布线、网络操作系统、网络协议等基础知识，能安装、配置、维护、管理中小型网站，能从事网站的搭建、配置、维护和计算机应用支持工作。可从事网站的建立、发布、维护与管理工作，也可从事计算机网络产品销售技术服务工作，其他社会需要的各类公司、企事业单位从事办公自动化工作，以及计算机维护工作等与计算机相关的行业。

4. 制作节目单

为庆祝"五四"青年节，学校决定由校团委组织一场联欢会，各班学生踊跃报名，校团委书记收集了各班团支部书记送来的节目类型、节目名称、表演者等纸质信息，请你帮团委书记梳理信息，制作成一份规范、清晰的节目单。

训练目的： 学会项目符号设置。

训练要求：

（1）新建 Word 2010 空白文档。
（2）输入标题和正文内容。
（3）标题：字体"黑体"，字号"二号"，字体颜色"红色"，对齐方式"居中"。
（4）正文：字体"楷体"，字号"小四"，对齐方式"左对齐"，行间距固定值 20 磅。
（5）节目类型：用"项目符号"；节目序号：用"数字编号"。
（6）保存文档，名称为"五四联欢节目单"。

训练时长： 20 min。

训练建议： 教师指导学生分析样例，引导学生完成任务。

参考样例：

素材：

```
"五四"青年节联欢会节目单
17级财会    李丽勤          歌曲《一个像夏天，一个像秋天》
17级建饰    王浩天          歌曲《阳光微甜》
16级电工    田晨迪          歌曲《成都》
16级电工    韩少奇          歌曲《真英雄》
17级汽车    张天毅          歌曲《我要的光荣》
17级电工    田利明          歌曲《模特》
16级电工    孙晓轩等5人     合唱《奔跑》
16级幼师    赵伊静等4人     合唱《百花皆含笑》
16级园林    张学远、梦迪    相声《礼仪漫谈》
17级幼师    王思怡、李玉笛        相声《我相信》
```

16级幼师　康月等9人　　　　小品《我的路》
17级幼师　张妍等7人　　　　小品《吃面》
16级幼师　尚素靖等10人　　　舞蹈《the end of the world》
17级航空　田如意等17人　　　礼仪操
16级计算机　　高畅等7人　　　舞蹈《samsarra》
17级幼师　康楠等7人　　　　舞蹈《阳光路上》
16级财会　于世思等12人　　　舞蹈《12步》

效果：

"五四"青年节联欢会节目单

● 歌曲类
1. 17级财会　　李丽勤　　　　歌曲《一个像夏天，一个像秋天》
2. 17级建饰　　王浩天　　　　歌曲《阳光微甜》
3. 16级电工　　田晨迪　　　　歌曲《成都》
4. 16级电工　　韩少奇　　　　歌曲《真英雄》
5. 17级汽车　　张天毅　　　　歌曲《我要的光荣》
6. 17级电工　　田利明　　　　歌曲《模特》
7. 16级电工　　孙晓轩等5人　　合唱《奔跑》
8. 16级幼师　　赵伊静等4人　　合唱《百花皆含笑》

● 相声类
1. 16级园林　　张学远、梦迪　　相声《礼仪漫谈》
2. 17级幼师　　王思怡、李玉笛　相声《我相信》

小品类
1. 16级幼师　　康月等9人　　　小品《我的路》
2. 17级幼师　　张妍等7人　　　小品《吃面》

● 舞蹈类
1. 16级幼师　　尚素靖等10人　　舞蹈《the end of the world》
2. 17级航空　　田如意等17人　　礼仪操
3. 16级计算机　高畅等7人　　　舞蹈《samsarra》
4. 17级幼师　　康楠等7人　　　舞蹈《阳光路上》
5. 16级财会　　于世思等12人　　舞蹈《12步》

5. 整理下载文档的格式

张大爷是个电脑迷，他在网上下载了一篇关于电脑使用技巧的文章，但是文章格式有点儿乱，个别地方还有错词，请你利用已学的查找和替换功能帮助张大爷整理一下这篇文章。

训练目的： 学会查找和替换功能的使用。

1 Word 2010 文字处理

训练要求:

(1) 选定文章全部内容。

(2) 查找"窗户口",替换成"窗口"。

(3) 用查找替换方式将多个软回车符替换成硬回车符。

(4) 将文中多余的空格去掉。

(5) 将英文标点符号逗号、句点替换成中文标点。

(6) 保存整理好的文章,命名为"10个经典电脑使用技巧介绍"。

训练时长: 20 min。

训练建议: 教师指导学生分析样例,引导学生完成任务。

参考样例:

素材:

10个经典的电脑使用小技巧介绍

1. 上网时在地址栏内输入网址,系统会记录下来,虽然方便以后不用再重复,不过如果是公用的机子,又不想让别人知道自己到过哪些地方,可以用 Ctrl + O(字母 O,不是 0)组合键,这时会弹出一个"打开"对话框,在其中的地址栏内输入网址,就不会被记录下来了。

2. 双击任务栏上的喇叭,如果觉得弹出音量控制面板占用桌面太大,或不能完全显示,按 Ctrl+S 组合键后就会以 mini 方式显示,想恢复再按一次 Ctrl+S 组合键就 OK。

3. 在保存网页前,可以按一下 Esc 键(或脱机工作)再保存,这样保存很快。

4. 如果同时有多个窗户口打开,想要关闭的话,可以按住 Shift 键不放,然后点击窗户口右上角的关闭图标。

5. MSN 中发消息时是按 Enter 键,如果想要换行而不想发出消息,可以按 Ctrl+Enter 组合键或 Ctrl 键(QQ 中同样可以使用)。

6. 如果一个文件夹下有很多文件,如果想快速找到想要的文件,先随便选择一个文件,然后在键盘上选择想要的文件的第一个字母就可以了。

7. IE 快捷键:(1) Ctrl+W 关闭窗户口(2) F4 打开地址栏的下拉选择网址(3) F6 或 Alt+D 选择地址栏(4) 空格键可以下翻页,Shift+ 空格键则可以上翻页。

8. 在 IE 的地址栏输入"javascript:alert(document.lastModified)"可以得到网页的更新日期。

9. 保存无边窗户口页面请用 Ctrl+N 组合键新开窗户口。

10. realplay 多曲播放 . 选中多个曲目,然后拖到 realplay 的播放地址栏就可以了,之后找到那个 ram(会自动生成),复制里面的内容多遍就可以反复听歌曲。

效果：

10 个经典的电脑使用小技巧介绍

1. 上网时在地址栏内输入网址，系统会记录下来，虽然方便以后不用再重复，不过如果是公用的机子，又不想让别人知道自己到过哪些地方，可以用 Ctrl＋O（字母 O，不是 0）组合键，这时会弹出一个"打开"对话框，在其中的地址栏内输入网址，就不会被记录下来了。

2. 双击任务栏上的喇叭，如果觉得弹出音量控制面板占用桌面太大，或不能完全显示，按 Ctrl+S 组合键后就会以 mini 方式显示，想恢复再按一次 Ctrl+S 组合键就 OK。

3. 在保存网页前，可以按一下 Esc 键（或脱机工作）再保存，这样保存很快。

4. 如果同时有多个窗口打开，想要关闭的话，可以按住 Shift 键不放，然后点击窗口右上角的关闭图标。

5.MSN 中发消息时是按 Enter 键，如果想要换行而不想发出消息，可以按 Ctrl+Enter 组合键或 Ctrl 键（QQ 中同样可以使用）。

6. 如果一个文件夹下有很多文件，如果想快速找到想要的文件，先随便选择一个文件，然后在键盘上选择想要的文件的第一个字母就可以了。

7. IE 快捷键：（1）Ctrl+W 关闭窗口（2）F4 打开地址栏的下拉选择网址（3）F6 或 Alt+D 选择地址栏（4）空格键可以下翻页，Shift+ 空格则可以上翻页。

8. 在 IE 的地址栏输入"javescript：alert（document.lastModified）"可以得到网页的更新日期。

9. 保存无边窗口页面请用 Ctrl+N 组合键新开窗口。

10.realplay 多曲播放。选中多个曲目，然后拖到 realplay 的播放地址栏就可以了，之后找到那个 ram（会自动生成），复制里面的内容多遍就可以反复听歌曲。

1.1.5 学习反馈

	知识要点	掌握程度*
知识获取	熟练中英文快速录入	
	熟练文字格式的设置	
	熟练段落格式的基本设置	
	掌握项目符号的使用	
	掌握查找与替换功能的使用	
	实训案例	技能目标	掌握程度*
技能掌握	任务 1：文章录入	熟练中英文快速录入	
	任务 2：古文赏析	熟练字符格式的设置	
	任务 3：专业特色介绍	熟练段落格式的设置	
	任务 4：节目单制作	掌握项目符号的使用	
	任务 5：下载文档的格式整理	掌握查找与替换功能的使用	
学习笔记			

*知识掌握程度满分为 5 分，学生可根据训练情况自行评价。

1.2 表格——销售清单

大东商场欲统计第二季度电器组部分品牌电器的销售情况,请利用 Word 中表格的创建、编辑、格式化和公式计算等功能,进行销售清单的制作。效果图 1-2-1 所示。

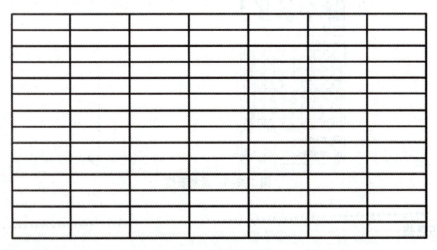

图 1-2-1 效果图

1.2.1 创建及编辑表格

创建一个 14 行 7 列的表格,如图 1-2-2 所示。

图 1-2-2 创建"表格"

方法一: 利用"插入"选项卡中"表格"下拉列表中的"插入表格"命令,如图 1-2-3 所示。在"插入表格"对话框中设置所需行数、列数。

方法二： 利用"插入"选项卡中的"表格"按钮，拖动鼠标选择合适的行数和列数，释放鼠标即可，如图1-2-4所示。

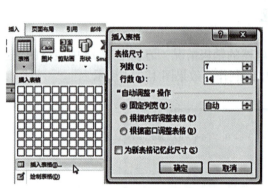

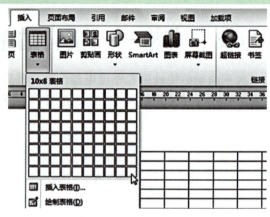

图1-2-3 插入"表格"　　　　　图1-2-4 拖动创建表格

> **技巧点拨：**
> 如果表格的行数或列数超过10，则不适合使用这种方式。如果已经使用，则需要进行表格的进一步编辑。

方法三： 利用"插入"选项卡中"表格"下拉列表中的"绘制表格"命令，如图1-2-5所示。

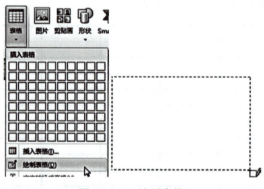

图1-2-5 绘制表格

> **技巧点拨：**
> 这种方法比较适合不太规则的表格，像我们见过的"学籍表""入团志愿书"等。方法就是，在页面上首先画出表格外框，根据需要画内框线，再调整行高和列宽。

【Step02】合并单元格

在新建的表格中按效果图合并单元格,如图 1-2-6 所示。

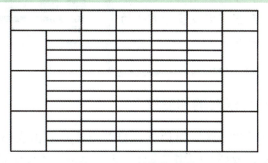

图 1-2-6 合并单元格

1.2.2 表格的格式设置

【Step01】设置行高和列宽

方法一:直接利用水平标尺和垂直标尺进行粗略调整。

> **技巧点拨**:
> 拖动鼠标时,按住 Alt 键可以在标尺上显示刻度。

方法二:利用"表格属性"对话框进行精确数据调整,如图 1-2-7 所示。

"最小值",行的高度是适应内容的最小值。当单元格中的内容超过最小行高时,Word 会自动增加行高。

"固定值",是指定行的高度是一个固定值。但是当单元格中的内容超过了设置的行高时,Word 将不能完整地显示或打印超出的部分。

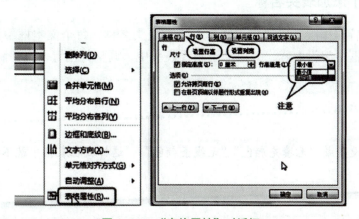

图 1-2-7 "表格属性"对话框

技巧点拨：

可以使用"布局"选项卡里的"分布行""分布列"命令调整行高和列宽，实现多行多列的平均分布，如图1-2-8所示。

图1-2-8 平均分布行、列

【Step02】设置边框线对的和底纹

方法一：利用"边框和底纹"对话框。打开方法：右击表格，单击"边框和底纹"按钮，如图1-2-9所示；或者是利用"设计"选项卡的"绘图边框"组的"边框和底纹"按钮，如图1-2-10所示。

图1-2-9 打开"边框和底纹"的方法一

图1-2-10 打开"边框和底纹"的方法二

方法二：利用"设计"选项卡。边框的设置利用"绘图边框"功能区，并结合"边框"按钮。底纹的设置利用"底纹"按钮。

【Step03】制作斜线表头

Word 2010 表格里的多根斜线，需手动绘制，单击"插入"选项卡的"形状"命令，再选择"直线"，如图1-2-11所示。然后拖动鼠标绘制直线，再根据需要调整直线颜色。

图1-2-11 制作斜线表头

【Step04】添加表头名称

为了便于后期排版，建议使用文本框添加表头名称，每个文本框中只插入一个字。在插入的文本框中编辑内容，并拖动至斜线表头中，调整其位置，直到制作的表头较为美观。

技巧点拨：

文本框要设置成"无填充颜色""无线条颜色"，这样放在表格中就不会覆盖表格中的线条了。

1 Word 2010 文字处理

【Step05】输入数据并设置格式

输入的数据及格式设置请参考效果图。

1.2.3 表格数据的计算

数值计算是 Word 2010 的基本功能之一。需要在表格中建立公式，进而进行简单计算。

【Step01】定位公式单元格

将光标定位在存放计算结果的单元格内。

【Step02】插入公式

使用"布局"选项卡"数据"组的"公式"命令，打开"公式"对话框，在里面选择正确的函数，设置好参数进行计算，如图 1-2-12 所示。

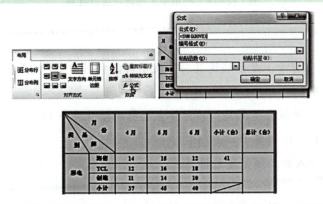

图 1-2-12 打开"公式"对话框并进行计算

> **技巧点拨：**
> 使用自动求和按钮，可快速求出表格中一列或一行数据的总和。默认的计算是上方（above）和左方（left）数据，如果两个方向都有数据，则上方数据优先。

在计算 TCL 的销售量时，要将函数参数 above 改为 left，如图 1-2-13 所示。

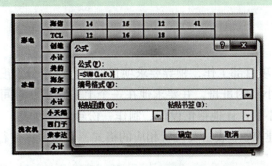

图 1-2-13 修改参数

【Step03】计算"合计"列

Word 表格中的单元格可以像 Excel 中单元格一样用"地址"表示。使用"列标 + 行号"的方式，列用字母表示，行用数字表示，如第 2 列第 3 行交叉处的单元格可以表示为 B3。

计算彩色电视机的合计数量，如图 1-2-14 所示。

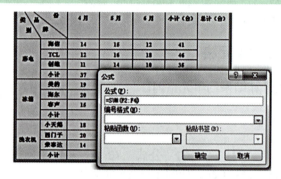

图 1-2-14　利用单元格地址进行计算

技巧点拨：

参数里的"："（冒号）是区域运算符，表示对两个引用之间包括这两个引用在内的所有单元格进行引用。

"，"（逗号），是联合运算符，表示将多个引用合并为一个引用。

例如，=SUM(F2:F4) 相当于 =SUM(F2,F3,F4)

这两个符号在输入时必须是英文状态。

1.2.4　拓展训练

知识拓展

（1）对创建的表格进行基本调整。
（2）对表格进行格式化。
（3）对表格中的数据进行计算，并对计算结果进行"编号"格式设置。

随堂练习

1. 制作年度计划表

小刚的哥哥在 ×× 项目部工作，领导要求项目部制作一个分季度、分项目的年度产量计划表，这个任务分给了小刚的哥哥，并要求他在一个上午完成。时间有限，哥哥特来请教正在中职读计算机专业的小刚，让他帮忙设计、制作一份年度计划表。

训练目的：学会创建 Word 表格及设置相应的格式，会对数据进行计算。

训练要求：

（1）在 Word 中插入一个 7 行 6 列的表格。

（2）行高为"25 磅,最小值"，表格外框线为"3 磅深蓝色外宽内细的双线"，内框线为"1.5 磅蓝色单实线"。

（3）利用合并及拆分单元格的方法将表格设置成图 1-2-15 所示的形式。

（4）斜线表头中的线宽为"1.5 磅"，颜色为深红色。

（5）文字区域底纹为"红色,强调文字颜色 2,淡色 80%"，字符格式为"楷体,小四,加粗,深红色"；数据区域添加"蓝色,强调文字颜色 1,淡色 60%"底纹，数据格式为"楷体,小四,加粗,黑色"。

（6）季度平均值结果保留两位小数。

（7）表格整体居中，表格内容"中部居中"。效果如图 1-2-15 所示。

训练时长： 1 课时。

参考样例（图 1-2-15）：

季度 项目	年度计划（吨）				季度平均值 （吨）
	一季度	二季度	三季度	四季度	
项目 1	89.6	93.5	100.2	80	
项目 2	105.8	110	118	100.5	
项目 3	80.5	88	98	90.5	
季度总计					
年总计划					

图 1-2-15 "年度计划表"效果图

2. 制作个人信息表

小张是一名即将毕业的大学生，求职是他目前较为重要的事情。面对严峻的就业形势，应聘工作，不要局限于现场投简历，也要学会利用网上的招聘资源。为方便在网上投个人简历，他想用 Word 制作"个人信息"表，来清楚地展示自己的学历、专业、英语等级、个人爱好、知识技能水平、实践经历等。下面请你利用所学知识帮他设计一份个人信息表。

训练目的： 学会 Word 表格的基本调整与设置。

训练要求：

（1）分项清晰，格式统一。

（2）行高、列宽要适当。每一大项内的各行高度要相等；列宽以所填内容为依据。

（3）表格要求简单、素净，内容清楚明了。

训练时长： 1 课时。

训练建议： 教师指导学生分析样例，引导学生独立完成任务。

参考样例： 个人信息表如图 1-2-16 所示。

个 人 信 息				
姓名		性别		贴照片处
学历		毕业时间		^
专业		毕业学校		^
外语等级		爱好		^

能 力 技 能	
计算机水平	
主修课程	
选修课程	
受奖情况	

学 习 及 实 践 经 历			
时间	学校及单位	经历（高中起）	证明人

联 系 方 式			
通讯地址		联系电话	
E-mail		固定电话	

图 1-2-16　个人信息表

1.2.5 学习反馈

	知识要点		掌握程度*
知识获取	学会在 Word 中用不同的方法插入表格		
	学会对表格进行基本调整，如插入、删除行列；合并、拆分单元格；设置行高、列宽等		
	熟练掌握格式化表格的操作，如字符格式、对齐方式、边框、底纹的设置及添加斜线表头		
	掌握对 Word 表格中数据的基本处理		
技能掌握	实训案例	技能目标	掌握程度*
	任务1：制作年度计划产量表	学会设置边框底纹，数据计算	
	任务2：制作个人信息表	学会表格的基本调整	
学习笔记			

*知识掌握程度满分为 5 分，学生可根据训练情况自行评价。

1.3 绘制图形——绘制交通标识符

Word 2010 中的自选图形是指用户自行绘制的线条和形状，用户还可以直接使用 Word 2010 提供的线条、箭头、流程图、星星等形状组合成更加复杂的形状。通过图形的绘制与编辑操作，可以方便、快捷地制作各种图形及标志。本案例是利用 Word 2010 绘制图形的功能，绘制禁止直行的交通标识符号。其效果如图 1-3-1 所示。

图 1-3-1　交通标识符

1.3.1　绘制与编辑图形

【Step01】绘制禁止符

新建一个 Word 文档，单击"插入"→"形状"→"基本形状"组中的禁止符，如图 1-3-2 所示。在页面上拖曳鼠标画禁止符。通过拖曳图形上的黄色菱形块对图形进行调整，如图 1-3-3 所示。

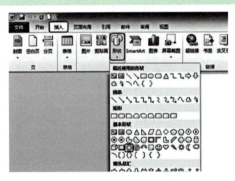

图 1-3-2　插入禁止符

图 1-3-3　调整禁止符

> **技巧点拨：**
> 按住 Ctrl 键的同时按上、下、左、右光标键，可以精确地移动图形。按住 Shift 键的同时拖动图形，可以在水平、垂直方向上移动图形。

【Step02】修饰禁止符

选中禁止符，单击绘图工具"格式"功能区中的"形状填充"，选择红色，如图 1-3-4 所示；"形状轮廓"选择"无轮廓"，如图 1-3-5 所示。

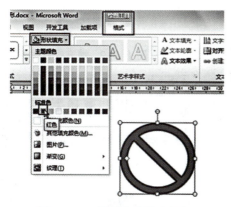

图 1-3-4　给禁止符填充颜色

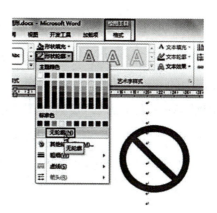

图 1-3-5　去掉禁止符的轮廓线

【Step03】绘制箭头和矩形

单击"插入"→"形状"→"箭头总汇"→"燕尾形",绘制燕尾形;单击"插入"→"形状"→"矩形",绘制矩形,如图 1-3-6 所示。

图 1-3-6　绘制箭头和矩形

【Step04】排列图形——对齐图形

同时选中燕尾形和矩形,选择"格式"功能区中排列组中的"对齐"→"上下居中",如图 1-3-7 所示。

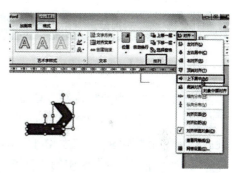

图 1-3-7　对齐图形

【Step05】排列图形——组合图形

选择"排列"组中的"组合",将两个图形组合成一个整体,如图 1-3-8 所示。

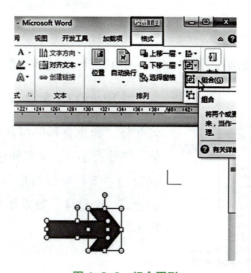

图 1-3-8　组合图形

【Step06】排列图形——旋转图形

选中组合后的图形，单击绘图工具"格式"功能区中的"形状填充"→"黑色"，单击"形状轮廓"→"无轮廓"，效果如图1-3-9所示。选择绘图工具选项卡下"格式"功能区中"排列"组中的"旋转"→"向左旋转90°"，如图1-3-10所示。

图1-3-9　填充颜色效果图

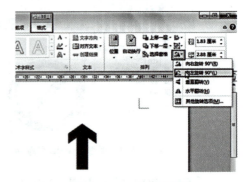

【Step07】完成禁止符的制作

将箭头移动到禁止符中，将箭头与禁止符调整到合适的位置。同时选择禁止符和箭头，将二者组合成一个图形，其效果如图1-3-11所示。

图1-3-10　旋转图形

图1-3-11　禁止符效果图

1.3.2　添加文字标识

【Step01】绘制矩形

打开上节绘制的禁止符，单击"插入"→"形状"→"矩形"，绘制矩形。选中矩形，单击绘图工具"格式"功能区中的"形状填充"→"红色"；单击"形状轮廓"→"无轮廓"。同时选中禁行标识与矩形，选择"格式"功能区中"排列"组中的"对齐"→"左右居中"，效果如图1-3-12所示。

图1-3-12　绘制矩形

【Step02】添加文本

右击矩形，选择"添加文字"，如图1-3-13所示，输入"禁止直行"。

【Step03】编辑文本

将"禁止直行"字体设置为黑体，字号为小一，文字颜色为白色。同时选中禁行标识与矩形，将二者组合成一个整体，效果如图1-3-14所示。

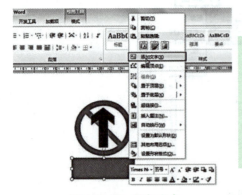

图1-3-13　添加文本

图1-3-14　效果图

【Step04】添加外框

单击"插入"→"形状"→"矩形",绘制矩形。选中矩形,单击绘图工具"格式"功能区中的"形状填充"→"白色";单击"形状轮廓"→"红色",设置其排列顺序为"置于底层"。将组合后的禁行标识移动到矩形上面。其效果如图 1-3-15 所示。

【Step05】完成交通标识的制作

同时选中矩形与禁行标识,设置对齐方式为"左右居中""上下居中"。将二者组合成一个图形,其效果如图 1-3-16 所示。

图 1-3-15　图形排列顺序

图 1-3-16　最终效果图

技巧点拨:

按 Ctrl+Shift 组合键的同时拖动图形,可以沿水平或垂直方向上复制图形。

1.3.3　拓展训练

知识拓展

(1)不同形状图形的绘制。
(2)不同图形的调整方法,利用编辑顶点进行调整。
(3)利用图形格式对话框对图形进行修饰,对图形进行排列。
(4)图形的移动、复制技巧。
(5)图形中的文本与图形的位置调整。

随堂练习

1. 绘制新生报到流程图

每年学校开学的时候,因为不熟悉报到流程及对新学校的陌生,报到过程中,学生和家长会感到非常困难,请你为新同学绘制一张××职业学校的新生报到流程图,帮助学生和家长顺利报到。

训练目的:掌握绘制不同图形与添加编辑文本的操作,绘制流程图。

训练要求:

(1)圆角矩形形状填充为蓝色;形状轮廓为橙色;形状效果为阴影/向下偏移。
(2)流程图内的文字字体为黑体,字号为五号,字形加粗,文字颜色为白色。

（3）设置下箭头的填充颜色为橙色，形状轮廓为蓝色，如图 1-3-17 所示。

（4）根据自己学校的实际情况和自己入学时的流程，设计制作一张自己学校的新生报到流程图（可参照参考样例绘制，也可自己设计创作，但要求内容完整，布局合理）。

训练时长：1 课时。

训练建议：教师指导学生分析训练题目，引导学生独立完成任务。

参考样例（图 1-3-17）：

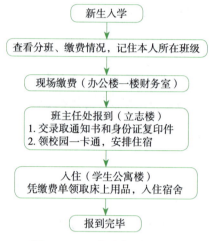

图 1-3-17　新生报到流程图

2. 绘制灯笼

元旦快到了，学校要求计算机专业的学生举行一次电子板报比赛，要求图文混排，张××的电子板报里面需要插入一个灯笼的图形，请你为张××制作灯笼的图形。

训练目的：掌握图形的修饰与图形的排列。

训练要求：

（1）使用形状样式功能组中的命令或设置形状对话框来修饰图形。

（2）使用图形排列对图形位置进行调整。

（3）设计美观，符合实际。参考图如图 1-3-18 所示。

训练时长：1 课时。

训练建议：教师指导学生分析训练题目，引导学生独立完成任务。

参考样例（图 1-3-18）：

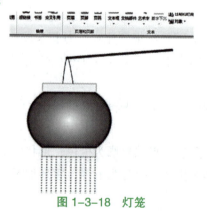

图 1-3-18　灯笼

3. 绘制公共洗手间标识

学校新盖的教学楼即将投入使用，但洗手间门上的公共标识牌还没有制作好，请你为学校即将使用的新教学楼设计一套公共标识牌。

训练目的： 掌握调整图形与移动复制图形的技巧，能绘制复杂的图形。

训练要求：

（1）内容完整，设计的图案实用。

（2）布局合理，颜色搭配合理。

（3）注意移动复制图形的技巧的使用。参考图如图 1-3-19 所示。

训练时长： 1 课时。

训练建议： 教师指导学生分析训练题目，引导学生独立完成任务。

参考样例（图 1-3-19）：

图 1-3-19　洗手间标识

1.3.4　学习反馈

	知识要点		掌握程度*
知识获取	不同形状图形的绘制		
	不同图形的调整方法，利用编辑顶点进行调整		
	利用图形格式对话框对图形进行修饰，图形的排列		
	图形的移动、复制技巧		
	图形中的文本与图形的位置调整		
	实训案例	技能目标	掌握程度*
技能掌握	任务1：绘制新生报到流程图	掌握绘制不同图形与添加编辑文本的操作	
	任务2：绘制灯笼	掌握图形的修饰与图形的排列	
	任务3：绘制公共洗手间标识	掌握调整图形与移动复制图形的技巧，能绘制复杂的图形	
学习笔记			

*知识掌握程度满分为 5 分，学生可根据训练情况自行评价。

1.4 电子板报排版——端午佳节

端午节与春节、清明节、中秋节并称为中国民间的四大传统节日。2009年9月,联合国教科文组织正式批准中国端午节列入世界非物质文化遗产,成为中国首个入选世界非遗的节日。自古以来,端午节便有划龙舟及食粽等传统,本节将通过制作端午佳节电子板报实例,进行图文混合排版练习。作品效果如图1-4-1所示。

图1-4-1 电子板报效果图

1.4.1 页面设置

【Step01】页边距设置

在"页面设置"对话框中设置页面格式:纸张B5,上、下、左、右页边距均为2厘米,"方向"设为"横向",如图1-4-2所示。

图1-4-2 页边距与纸张方向

【Step02】文档分栏

在"分栏"对话框中将文档分为三栏,并取消"栏宽相等",将三栏的宽度与栏间距分别设为图1-4-3所示的数据。

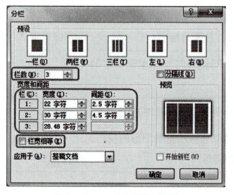

图1-4-3 "分栏"设置

> **技巧点拨：**
> 第三栏的宽度不用设置，因为纸张大小与页边距已经设置好，所以它会根据第一、二栏的宽度与间距自动生成数据。

1.4.2 版面布局

【Step01】输入文字并调整位置

输入文档中的全部字符，并利用"分栏符"调整文本位置，操作如图 1-4-4 所示。

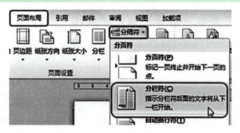

图 1-4-4　调整位置

【Step02】插入文本框

插入一竖排文本框，输入诗文，设诗文的字符格式为华文新魏，小一，加粗，颜色为"其他颜色"里的"标准"绿色，行间距为 30 磅，如图 1-4-5 和图 1-4-6 所示。

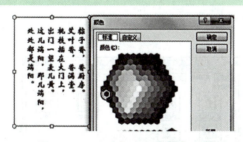

图 1-4-5　文本框中文字颜色设置

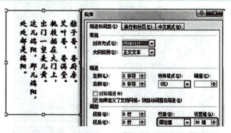

图 1-4-6　行间距设置

1.4.3 插入图片

【Step01】插入背景图片并设置版式

插入图片"背景.jpg"，先利用裁剪工具将图片的下面部分裁掉，再将图片大小设为与纸张大小一致，并将其版式设为"衬于文字下方"，操作步骤如图 1-4-7 和图 1-4-8 所示。

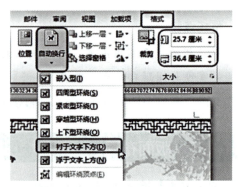

图 1-4-7　裁剪图片　　　　　　　　图 1-4-8　图片大小与版式设置

技巧点拨：

设置图片大小时，一定要取消选择"锁定纵横比"。

【Step02】插入题材图片

依次插入"端午文字.jpg""粽子.jpg""屈原.jpg""赛龙舟.jpg"四张图片。"端午文字.jpg"的版式设为"浮于文字上方"，其他三张图片都设为"穿越型环绕"。

利用"删除背景"命令将图片的背景去掉，使其与背景图片融合，并拖动调整其大小，放置在合适位置，如图 1-4-9 所示。

将图片"屈原.jpg"进行"水平旋转"，并设其自动换行"只在左侧"，左、右距离都为"0.6 厘米"。操作如图 1-4-10 所示。

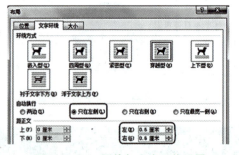

图 1-4-9　删除图片背景　　　　　　图 1-4-10　图片与文字环绕设置

技巧点拨：

注意，调整大小时，不要使图片变形。按住 Shift 键拖动句柄时，将在保持原图片纵横比的情况下进行图片的缩放。按住 Ctrl 键拖动句柄时，将从图片的中心向外垂直、水平和沿对角线缩放。

1.4.4 插入艺术字

【Step01】插入艺术字并设置样式

插入艺术字"端午节的来历"和"端午节习俗",艺术字样式选第一行最后一个,如图1-4-11所示。

图1-4-11 插入艺术字

【Step02】设置艺术字字体、大小、填充颜色

设字体为"叶根生毛笔行书简体",字号为"小初"。修改艺术字"文本填充"颜色,如图1-4-12所示。

图1-4-12 设置艺术字颜色

1.4.5 拓展训练

（1）在文档中熟练插入图片、图形、艺术字、文本框、表格等。
（2）对插入的对象能熟练进行格式化。

随堂练习

1. 制作招生简章

小张在职业学校学的是计算机专业。他的叔叔是一所专业艺术培训学校的校长,眼看又到暑假了,小张的叔叔想在暑假前发一批暑假艺术学校的招生简章,于是让计算机专业的小张帮忙设计制作一份招生简单。

训练目的：熟练Word 2010图文混排的操作。

训练要求：

（1）电子板报中表格的设计。
（2）文本与图片的编辑,适当运用格式刷统一设置文字图片格式。
（3）利用分栏与文本框调整页面的布局。

训练时长：1课时。

训练建议：教师指导学生分析训练题目,引导学生独立完成任务。

参考样例（图1-4-13）：

图1-4-13 招生简章效果图

2. 制作弘扬传统美德板报

中国素有"礼仪之邦"的美称。从小到大,父母、老师、长辈总是教导我们要继承中华传统美德。中华传统美德指什么呢?父慈子孝、待友诚信、为人正直、尊老爱幼、尊敬师长等。今天,我们就来制作一个精美的电子板报来弘扬我们中华的传统美德吧!

训练目的:熟练 Word 2010 图文混排的操作。

训练要求:

(1)裁剪图片,删除其背景及调整颜色。
(2)文本框、艺术字的格式化。重点是颜色填充与边框线设置。
(3)利用"叠放层次"设置多张图片的显示方式。

训练时长:1 课时。

训练建议:教师指导学生分析训练题目,引导学生独立完成任务。

参考样例(图 1-4-14):

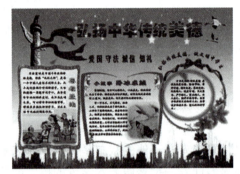

图 1-4-14 弘扬中华传统美德效果图

1.4.6 学习反馈

	知识要点		掌握程度*
知识获取	电子板报中表格的设计		
	电子板报中文本与图片的编辑		
	利用分栏与文本框调整页面的布局		
技能掌握	实训案例	技能目标	掌握程度*
	任务1:制作招生简章	熟练 Word 2010 图文表的混排操作	
	任务2:制作弘扬传统美德板报	熟练 Word 2010 图文的混排操作	
学习笔记			

*知识掌握程度满分为 5 分,学生可根据训练情况自行评价。

1.5 长文档的编辑与管理——毕业论文排版

毕业论文是学生时代最重要的一件事，其既是对学习成果的综合检验，也是对学生运用所学理论知识分析、解决实际问题能力的综合测评，而毕业论文的格式又决定了一篇论文的水平，所以，学生在做毕业论文时，一定要按正确的毕业论文的格式排版。

下面是一所大学的毕业论文格式要求，请利用已学习的 Word 2010 中的样式、页眉页脚、页面布局、引用、目录等相关知识帮助完成毕业论文格式的设置。

论文效果图如图 1-5-1 所示。封面后第 1 页为目录，正文的最后页为参考文献，中间部分为论文的正文。（论文的页码较多，这里只显示全部论文的整体排版效果。）

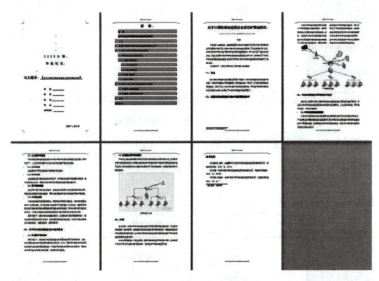

图 1-5-1 毕业论文效果图

1.5.1 定义并使用样式

样式规划：

（1）正文内容：宋体，小四号，首行缩进 2 字符，段前和段后间距均为 0 行，行间距为"1.5 行距"。

（2）正文标题：

1 级标题：黑体，四号，加粗，段前和段后间距均为 1 行，行间距为 1.5 倍；

2 级标题：宋体，小四号，加粗，段前和段后间距均为"6 磅"，行间距为"单倍行距"，首行缩进 2 字符；

3 级标题：楷体 GB 2312，五号，加粗，段前和段后间距均为"6 磅"，行间距为"单倍行距"，"首行缩进 2 字符"。

【Step01】设置正文字体和段落格式

（1）选中全文，设置字体格式：字体为宋体，字号为小四号，如图1-5-2所示。

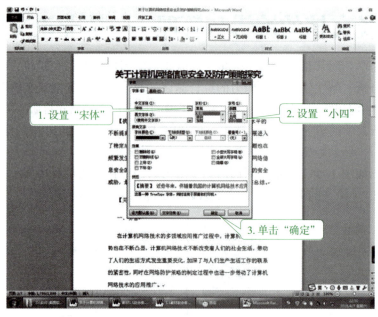

图1-5-2　设置正文字体格式

（2）设置段落格式：首行缩进2字符，段前、段后间距均为0行，行间距为1.5倍行距，如图1-5-3所示。

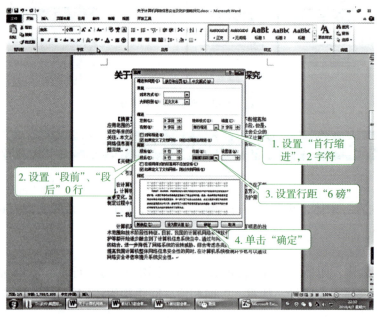

图1-5-3　设置正文段落格式

设置后的效果如图 1-5-4 所示。

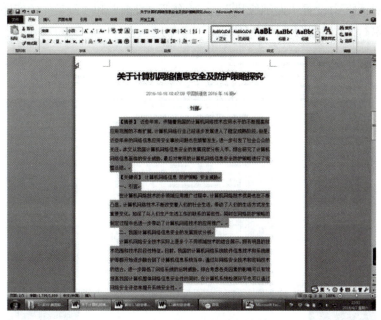

图 1-5-4　设置正文格式后的效果

【Step02】定义各级标题样式

（1）在"开始"选项卡的"样式"组中右击"标题1"样式，在弹出的快捷菜单中选择"修改"命令，打开"修改样式"对话框，如图 1-5-5 所示。

（2）在"修改样式"对话框中将"标题1"样式的字体设为"黑体"，字号为"二号"，加粗。操作步骤如图 1-5-6 所示。

图 1-5-5　右击"标题1"快捷菜单

图 1-5-6　设置标题1的字体格式

（3）单击左下角的"格式"按钮，在弹出的菜单中选择"段落"命令，打开"段落"对话框，在该对话框中设置"大纲级别"为"1级"，"段前"和"段后"的间距均为"1行"，行距为"1.5倍行距"，如图1-5-7所示。

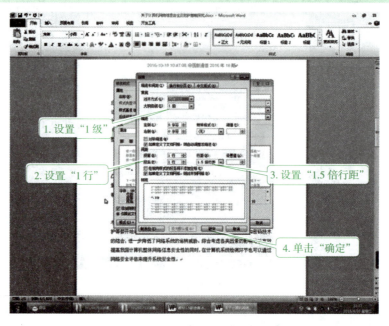

图1-5-7　设置标题1的段落格式

同理，为标题2修改样式：字体为"宋体"，字号为"小四"，字形"加粗"，段前和段后的间距均为6磅，单倍行距，首行缩进2字符"。

为标题3修改样式：字体为"楷体 GB 2312"，字号为"五号"，字形"加粗"，段前和段后间距均为6磅，单倍行距，首行缩进2字符"。

【Step03】应用样式

分别选中文本"一""二""三""四""五"和"参考文献"，在"开始"选项卡的"样式"组中选择"标题1"样式。同理，将"标题2"和"标题3"应用于各个段落。效果如图1-5-8所示。

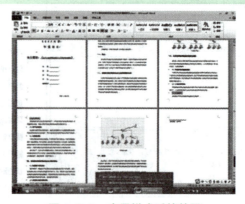

图1-5-8　应用样式后的效果

1.5.2 文档分页、分节与分栏

在毕业论文正文中的第二段前面插入分页符、分节符，并设置第二段两栏格式显示。

【Step01】设置分页

Word 2010 中提供了两种分页的功能。进行页面设置并选择了纸张大小后，Word 2010 会按设置的页面大小、字符数和行数对文进行自动排版，并自动分页；用户还可以利用 Word 中的分页功能在文档中强制分页。

1. 自动分页

通常，一旦确定了文档的页面大小，则每行文本的宽度和每页所能容纳的文本的行数也就确定下来。因此，Word 2010 会自动计算分页的位置并自动插入一个分页符进行分页。在草稿视图中，自动分页符显示为一条贯穿页面的虚线，如图 1-5-9 所示。

图 1-5-9　自动分页符

2. 设置人工强制分页

人工分页，就是在要分页的位置插入人工分页符，人为地进行分页控制，在页面视图、打印预览和打印的文档中，分页符后边的文字将出现在新的一页上。在草稿视图中，人工分页符显示为标有"分页符"字样的虚线。如图 1-5-10 所示。

图 1-5-10　人工分页符

操作步骤如下：
（1）将插入点定位到需要重新分页的位置。
（2）插入分页符，可以使用下述方法之一完成分页设置。

方法一：执行"插入"选项卡"页"组中的"分页"命令，在光标位置对文档进行分页。操作步骤如图 1-5-11 所示。

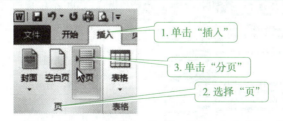

图 1-5-11　利用"插入"选项卡设置"分页"

方法二：执行"页面布局"选项卡"页面设置"组，"分隔符"中的"分页符"命令，在光标位置对文档进行分页。操作步骤如图 1-5-12 所示。
方法三：按住 Ctrl+ Enter 快捷键，在光标位置对文档进行分页。

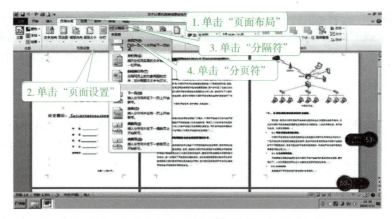

图1-5-12 利用"页面布局"菜单设置"分页"

【Step02】设置分节

分节是为了方便页面格式化而设置的，使用分节可以将文档分成任意的几部分，每一部分使用分节符分开。Word 2010以节为单位，可以对文档的不同部分设置不同的页眉、页脚、行号等页面格式。

在草稿视图下，分节符显示为带"分节符"字样的双虚线，如图1-5-13所示。Word 2010将每节的格式信息存储到分节符里，其中包含了该节的排版信息，如分栏、页面格式等。

图1-5-13 分节符

1. 创建分节符

创建分节符的过程就是插入分节符的过程，其操作步骤如下：

（1）将插入点放置在要分节的文本前。

（2）执行"页面布局"选项卡"页面设置"组"分隔符"中的"分节符"命令，单击"下一页"命令即可，如图1-5-14所示。

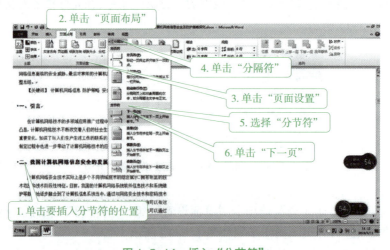

图1-5-14 插入"分节符"

插入"分节符"的效果如图 1-5-15 所示。

图 1-5-15　插入的"分节符"

> **技巧点拨：**
>
> 分节符主要包括以下几种类型：
> ① 下一页：另起一页，分节符所在位置即新页的开始处。
> ② 连续：设置该项后，不换页即开始新的一节，即新节与前面的节共存于当前页中。
> ③ 偶数页：设置该项后，新节文本将从下一个偶数页上开始。
> ④ 奇数页：设置该项后，新节文本将从下一个奇数页上开始。

2. 删除分节符

删除节需将分节符删除，删除分节符的操作方法如下：

（1）在页面视图方式下，单击"开始"→"段落"→"显示隐藏标记"按钮，如图 1-5-16 所示。或将显示模式切换为草稿视图，显示已插入的"分节符"。

图 1-5-16　显示插入的"分节符"

（2）将插入点放置在要删除的分节符上，按 Delete 键即可删除。

> **技巧点拨：**
>
> 删除节以后，当前节被合并到下节，其格式与下一节相同。

【Step03】设置分栏

　　分栏排版是将一段文本分成并排的几栏，只有添满第一栏，才移到下一栏，分栏技术被广泛应用于报纸、杂志等宣传出版物的排版中，设置分栏可以增强文档的生动性。利用 Word 2010 的分栏功能可以对整篇文档或部分文档设置分栏数和各样文字的排列。插入分栏操作的方法为：首先选定要分栏的文本内容，然后执行"页面布局"选项卡"页面设置"组中的"分栏"命令，在展开的下拉列表中选择"一栏""二栏""三栏""偏左""偏右"中的一种分栏效果，如图 1-5-16 所示。单击"更多分栏"按钮，弹出如图 1-5-17 所示的"分栏"对话框。

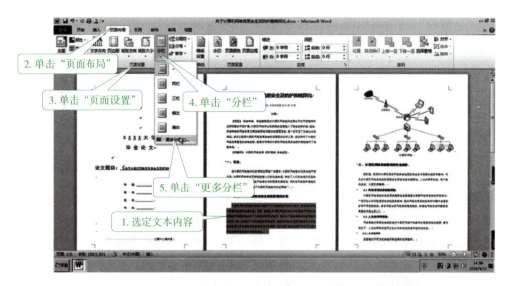

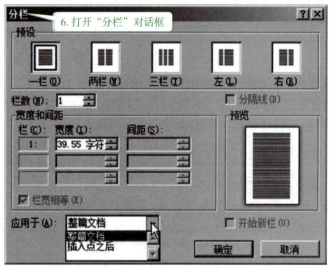

图 1-5-17 "分栏"对话框

在该对话框中各选项的功能如下:
(1)"预设"选项区:该选择框用于设置选定的格式,用户可以直接选取所需的图例。其中"一栏""两栏""三栏"选项分别用于设置插入相等宽度的一栏、两栏或三栏。

"偏左"选项:将文本格式化为双栏,左栏的宽度是右栏的一半。

"偏右"选项:将文本格式化为双栏,右栏的宽度是左栏的一半。

(2)"栏数"选项区:用于输入或选定设置的栏数。

(3)"分隔线"复选框:用于确定是否在栏之间加一条竖线。若添加,则此竖线与页面或节中的最长的栏等长。

(4)"宽度和间距"选项区:用于设置栏宽和栏间距。其中:

栏:显示可以更改宽度和间距的栏号。

宽度:用于输入或选定栏宽尺寸。

间距:用于输入或选定某栏与其右边相邻栏的间距。

（5）"栏宽相等"复框：表示为各栏的栏宽相等。如果选中该项，Word 2010 会根据"宽度和间距"中设置的值自动计算栏宽。

（6）"应用于"列表框：用下选定要应用栏格式的文档范围。

"整篇文档"：对整个文档应用分栏格式。

"插入点之后"：表明对包含指入点的节之后的文档应用分栏格式。

"所选文字"：表明只对选定的文字进行分栏效果的设置。

"所选节"：表明只对选定的节进行分栏效果的设置。

设置分栏后的效果如图 1-5-18 所示。

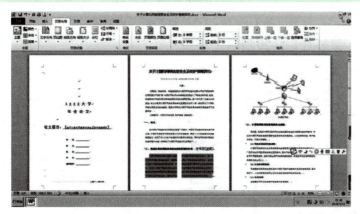

图 1-5-18　设置分栏后的效果

> **技巧点拨：**
>
> 通常节或文档的最后页内的正文不会满页，因此，在 Word 2010 中，先调整页面，使各栏文档的长度均衡。
>
> 调整的方法是：首先在要均衡的栏中正文结尾处设置插入点，在"页面布局"选项卡"页面设置"组中的"分隔符"列表中选择"分节符"中的"连续"命令，即可在最后一页正常分栏显示。

1.5.3　设置页眉、页脚与页码

为毕业论文设置页眉"XXXX 大学毕业论文"，宋体小五，居中对齐；设置页脚"《关于计算机网络信息安全及防护策略探究》"，宋体小五，居中对齐。

页眉和页脚是指在文档每一页的顶部和底部显示的注释性信息，如文章的章节标题、作者、日期时间、文件名或单位名称等内容。页眉和页脚的内容不是与正文同时输入的，而需要专门设置。

Word 2010 可以给文档中全部内容设置同样的页眉和页脚，也可以设成奇偶页不同的页眉和页脚，还可以利用 Word 2010 提供的多种页眉和页脚样式，包括空白、边线型、瓷砖型、条纹型等 20 多种。

【Step01】设置页眉和页脚

1. 创建页眉和页脚

单击"插入"菜单,找到"页眉和页脚"选项卡,如图 1-5-19 所示。

图 1-5-19 "页眉和页脚" 组按钮

创建页眉,步骤如图 1-5-20 所示。

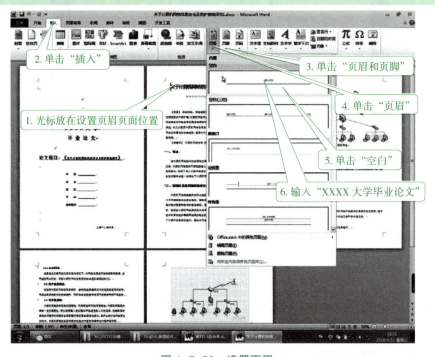

图 1-5-20 设置页眉

在页面中出现页眉和页脚编辑区,同时功能区显示"页眉和页脚工具"选项卡。设置后的效果如图 1-5-21 和图 1-5-22 所示。

图 1-5-21 页眉"XXXX 大学毕业论文"的内容和格式

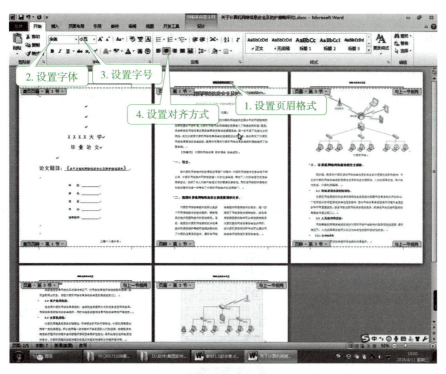

图 1-5-22 页眉设置效果

设置页脚"《关于计算机网络信息安全与防护策略探究》",效果如图 1-5-23 所示。

图 1-5-23 页脚设置效果

整体效果如图 1-5-24 所示。

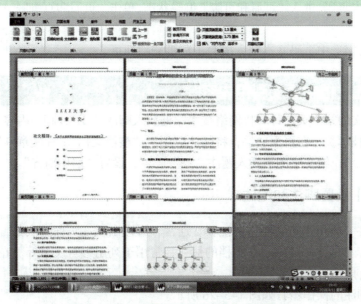

图 1-5-24 设置"页眉和页脚"后的效果

2. 修改页眉和页脚

单击"插入"→"页眉和页脚"→"页眉"→"编辑页眉"。

3. 删除页眉和页脚

方法一：单击"插入"→"页眉和页脚"→"页眉"→"删除页眉"。
方法二：将鼠标光标移到要删除的页眉和页脚位置，按 Delete 键删除即可。

【Step02】设置页码

1. 设置页码

在"页眉和页脚"组中单击"页码"下拉按钮，在其下拉列表中选择页码显示的位置和页码样式，如图 1-5-25 所示。

图 1-5-25 "页码"下拉列表

2. 修改页码

如果要对页码样式进行修改，双击页码进入页码编辑状态，重新设置即可。

3. 删除页码

方法一：双击页码，进入"页眉和页脚"编辑状态，单击"页眉和页脚"→"页码"→"删除页码"。
方法二：直接选中页码文本框，按 Delete 键删除即可。

1.5.4　在文档中添加引用内容

请在毕业论文的第一页"计算机网络技术"处插入脚注"①"，脚注内容为"选自计算机网《计算机网络技术》"，在页面底端，将脚注应用于"整篇文档"；在文章末尾插入尾注"资料来源：《参考网》"；给文中图形插入题注"一""二"，设置"居中对齐"。

【Step01】设置脚注和尾注

脚注和尾注一般用于对文档进行注释。通常，脚注出现在页面的底部，对当前页的某一内容进行注释。尾注一般出现在文档的最后，常用于列出参考文献等。在同一文档中可以既有脚注也有尾注。

（1）插入脚注的操作步骤如图 1-5-26 所示。

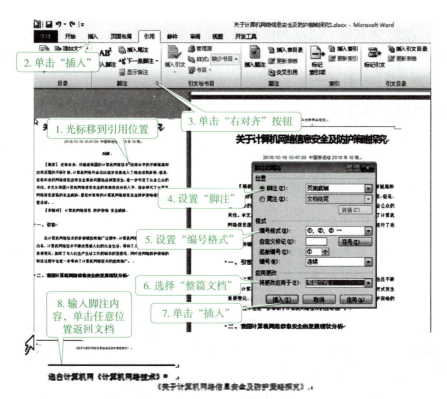

图 1-5-26　插入"脚注"步骤

（2）插入尾注的操作步骤同上，在"脚注和尾注"对话框中选择"设置尾注"即可。其效果如图 1-5-27 所示。

图 1-5-27　插入"尾注"的内容和格式

【Step02】查看与编辑脚注和尾注

1. 查看脚注和尾注

注释文本显示在要打印的页面位置。在文档中双击添加了注释的引用标记，文档将自动切换到标记注释的文本位置，用户可以查看注释内容。反之，如果用户双击注释标记文本，文档自动切换到文档中添加注释的文本位置，实现标注标记与标注正文之间的切换。

2. 编辑脚注和尾注

用户可以使用"剪切""复制"和"粘贴"等通用编辑命令移动或复制脚注和尾注内容。如果移动或复制自动编号的注释引用标记，Word 2010 将按照新顺序对注释重新编号。

3. 删除脚注和尾注

用户若要删除注释，则可以在文档中选定相应的注释引用标记，然后将其删除。如果用户删除了自动编号的注释，Word 2010 将对其余注释自动重新编号。当用户删除了包含注释引用标记的文本区域，Word 2010 也将删除相应的注释文本。若要删除所有自动编号的脚注和尾注，则可执行 Ctrl+H 命令，打开"查找与替换"对话框,将"脚注标记"或者"尾注标记"全部替换为空内容即可。

【Step03】设置题注

题注就是给图片、表格、图表、公式等项目添加的名称和编号。插入题注的操作步骤如图 1-5-28 所示。

用同样的步骤设置图形二的题注。

技巧点拨：

自动插入题注：在文档中插入图片、公式或图表等项目时，可以设定 Word 2010 自动给插入的项目加上题注，实现自动为项目添加题注的功能后，当用户在文档中再次插入设定了"自动题注"的对象时，将自动将题注按顺序加入文档中。

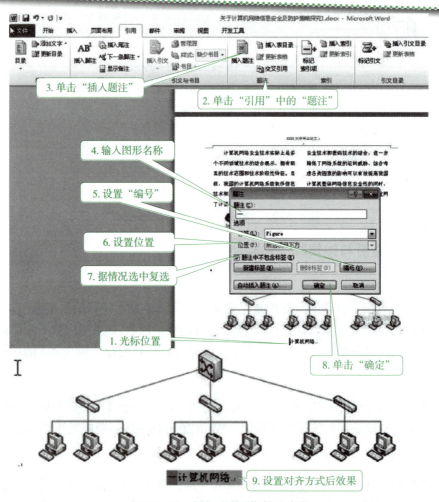

图 1-5-28 插入"题注"操作步骤

1.5.5 创建文档目录

制作书籍、写论文、做报告时,目录是必需的。目录应独立成页,其应包括论文中全部章、节的标题(即一级、二级标题)及页码。目录要求标题层次清晰,应与正文中的标题一致,附录也应依次列入目录。在 Word 2010 中可以手动创建目录,也可以通过自动生成目录。

请按照如下格式设置毕业论文目录中的"目录"二字,中间空 2 格,黑体二号,段前段后 0.5 行行距;主体部分用宋体四号,左对齐,段前、段后为 0 行,1.5 倍行距。

【Step01】手动创建目录

手动创建文档目录的操作步骤如图 1-5-29 所示。

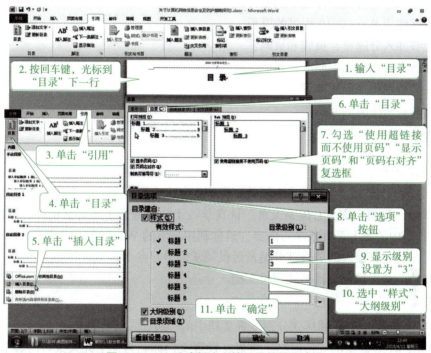

图 1-5-29　手动创建文档目录的操作步骤

创建成的毕业目录效果如图 1-5-30 所示。

图 1-5-30　毕业论文目录效果图

【Step02】自动生成目录

自动生成目录，需要将文档中的各级标题用快速样式库中的标题样式统一格式化，或用自定义的标题样式格式化。

操作步骤：单击"引用"中的"目录"命令，在下拉列表中选择"插入目录"命令，打开"目录"对话框，在其中设置所需目录显示级别及格式，设置完成后，单击"确定"按钮。

1.5.6 拓展训练

 知识拓展

（1）能够根据需要设置标题级别及样式。
（2）能够使用 Word 2010 提供的模板。
（3）能够插入分隔符、页脚和页码。
（4）设置文档奇偶页不同的页眉。
（5）在文档中添加引用内容。
（6）掌握目录生成的方法。

 随堂练习

1. 排版会议报告

2017 年 10 月 18 日，习近平在中国共产党第十九次全国代表大会上作了举世瞩目的报告。作为青年学生，我们应该关心国家大事，认真学习十九大报告重要讲话精神。下面是节选的《十九大报告》中的第七至九条学习内容，请你利用学习的 Word 2010 中的编辑和处理长文档的模板样式，将这篇报告的节选部分编辑后供同学们学习参考。

训练目的：利用模板编辑与处理长文档。

训练要求：

（1）利用 Word 中的标题样式分别设置文档中的一级、二级标题。
（2）利用 Word 提供的"传统型"页眉，设置文档标题为"十九大报告内容节选"，日期为"2017.10.18"。
（3）利用 Word 提供的"传统型"页脚。插入页码。
（4）在"第七"前面插入"分页符"。
（5）将正文中"第七"的第一、二段进行分两栏设置。
（6）添加尾注引用内容为"《十九大报告内容节选》"
（7）自动生成文档目录。

训练时长：1 课时。

训练建议：学生自主完成，教师指导。

参考样例：

素材:

决胜全面建成小康社会
夺取新时代中国特色社会主义伟大胜利
——在中国共产党第十九次全国代表大会上的报告

(2017年10月18日)

习近平

同志们:

现在,我代表第十八届中央委员会向大会作报告。

中国共产党第十九次全国代表大会,是在全面建成小康社会决胜阶段、中国特色社会主义进入新时代的关键时期召开的一次十分重要的大会。

大会的主题是:不忘初心,牢记使命,高举中国特色社会主义伟大旗帜,决胜全面建成小康社会,夺取新时代中国特色社会主义伟大胜利,为实现中华民族伟大复兴的中国梦不懈奋斗。

不忘初心,方得始终。中国共产党人的初心和使命,就是为中国人民谋幸福,为中华民族谋复兴。这个初心和使命是激励中国共产党人不断前进的根本动力。全党同志一定要永远与人民同呼吸、共命运、心连心,永远把人民对美好生活的向往作为奋斗目标,以永不懈怠的精神状态和一往无前的奋斗姿态,继续朝着实现中华民族伟大复兴的宏伟目标奋勇前进。

当前,国内外形势正在发生深刻复杂变化,我国发展仍处于重要战略机遇期,前景十分光明,挑战也十分严峻。全党同志一定要登高望远、居安思危,勇于变革、勇于创新,永不僵化、永不停滞,团结带领全国各族人民决胜全面建成小康社会,奋力夺取新时代中国特色社会主义伟大胜利。

一、过去五年的工作和历史性变革
……
二、新时代中国共产党的历史使命
……
三、新时代中国特色社会主义思想和基本方略
……
四、决胜全面建成小康社会,开启全面建设社会主义现代化国家新征程
……
五、贯彻新发展理念,建设现代化经济体系
……
六、健全人民当家作主制度体系,发展社会主义民主政治
……
七、坚定文化自信,推动社会主义文化繁荣兴盛

文化是一个国家、一个民族的灵魂。文化兴国运兴，文化强民族强。没有高度的文化自信，没有文化的繁荣兴盛，就没有中华民族伟大复兴。要坚持中国特色社会主义文化发展道路，激发全民族文化创新创造活力，建设社会主义文化强国。

中国特色社会主义文化，源自于中华民族五千多年文明历史所孕育的中华优秀传统文化，熔铸于党领导人民在革命、建设、改革中创造的革命文化和社会主义先进文化，植根于中国特色社会主义伟大实践。发展中国特色社会主义文化，就是以马克思主义为指导，坚守中华文化立场，立足当代中国现实，结合当今时代条件，发展面向现代化、面向世界、面向未来的，民族的科学的大众的社会主义文化，推动社会主义精神文明和物质文明协调发展。要坚持为人民服务、为社会主义服务，坚持百花齐放、百家争鸣，坚持创造性转化、创新性发展，不断铸就中华文化新辉煌。

（一）牢牢掌握意识形态工作领导权。

意识形态决定文化前进方向和发展道路。必须推进马克思主义中国化时代化大众化，建设具有强大凝聚力和引领力的社会主义意识形态，使全体人民在理想信念、价值理念、道德观念上紧紧团结在一起。要加强理论武装，推动新时代中国特色社会主义思想深入人心。深化马克思主义理论研究和建设，加快构建中国特色哲学社会科学，加强中国特色新型智库建设。坚持正确舆论导向，高度重视传播手段建设和创新，提高新闻舆论传播力、引导力、影响力、公信力。加强互联网内容建设，建立网络综合治理体系，营造清朗的网络空间。落实意识形态工作责任制，加强阵地建设和管理，注意区分政治原则问题、思想认识问题、学术观点问题，旗帜鲜明反对和抵制各种错误观点。

（二）培育和践行社会主义核心价值观。

社会主义核心价值观是当代中国精神的集中体现，凝结着全体人民共同的价值追求。要以培养担当民族复兴大任的时代新人为着眼点，强化教育引导、实践养成、制度保障，发挥社会主义核心价值观对国民教育、精神文明创建、精神文化产品创作生产传播的引领作用，把社会主义核心价值观融入社会发展各方面，转化为人们的情感认同和行为习惯。坚持全民行动、干部带头，从家庭做起，从娃娃抓起。深入挖掘中华优秀传统文化蕴含的思想观念、人文精神、道德规范，结合时代要求继承创新，让中华文化展现出永久魅力和时代风采。

（三）加强思想道德建设。

人民有信仰，国家有力量，民族有希望。要提高人民思想觉悟、道德水准、文明素养，提高全社会文明程度。广泛开展理想信念教育，深化中国特色社会主义和中国梦宣传教育，弘扬民族精神和时代精神，加强爱国主义、集体主义、社会主义教育，引导人们树立正确的历史观、民族观、国家观、文化观。深入实施公民道德建设工程，推进社会公德、职业道德、家庭美德、个人品德建设，激励人们向上向善、孝老爱亲，忠于祖国、忠于人民。加强和改进思想政治工作，深化群众性精神文明创建活动。弘扬科学精神，普及科学知识，开展移风易俗、弘扬时代新风行动，抵制腐朽落后文化侵蚀。推进诚信建设和志愿服务制度化，强化社会责任意识、规则意识、奉献意识。

（四）繁荣发展社会主义文艺。

社会主义文艺是人民的文艺，必须坚持以人民为中心的创作导向，在深入生活、扎根人民中进行无愧于时代的文艺创造。要繁荣文艺创作，坚持思想精深、艺术精湛、制作精良相统一，加强现实题材创作，不断推出讴歌党、讴歌祖国、讴歌人民、讴歌英雄的精品力作。发扬学术民主、艺术民主，提升文艺原创力，推动文艺创新。倡导讲品位、讲格调、讲责任，抵制低俗、庸俗、媚俗。加强文艺队伍建设，造就一大批德艺双馨名家大师，培育一大批高水平创作人才。

（五）推动文化事业和文化产业发展。

满足人民过上美好生活的新期待，必须提供丰富的精神食粮。要深化文化体制改革，完善文化管理体制，加快构建把社会效益放在首位、社会效益和经济效益相统一的体制机制。完善公共文化服务体系，深入实施文化惠民工程，丰富群众性文化活动。加强文物保护利用和文化遗产保护传承。健全现代文化产业体系和市场体系，创新生产经营机制，完善文化经济政策，培育新型文化业态。广泛开展全民健身活动，加快推进体育强国建设，筹办好北京冬奥会、冬残奥会。加强中外人文交流，以我为主、兼收并蓄。推进国际传播能力建设，讲好中国故事，展现真实、立体、全面的中国，提高国家文化软实力。

同志们！中国共产党从成立之日起，既是中国先进文化的积极引领者和践行者，又是中华优秀传统文化的忠实传承者和弘扬者。当代中国共产党人和中国人民应该而且一定能够担负起新的文化使命，在实践创造中进行文化创造，在历史进步中实现文化进步！

八、提高保障和改善民生水平，加强和创新社会治理

全党必须牢记，为什么人的问题，是检验一个政党、一个政权性质的试金石。带领人民创造美好生活，是我们党始终不渝的奋斗目标。必须始终把人民利益摆在至高无上的地位，让改革发展成果更多更公平惠及全体人民，朝着实现全体人民共同富裕不断迈进。

保障和改善民生要抓住人民最关心最直接最现实的利益问题，既尽力而为，又量力而行，一件事情接着一件事情办，一年接着一年干。坚持人人尽责、人人享有，坚守底线、突出重点、完善制度、引导预期，完善公共服务体系，保障群众基本生活，不断满足人民日益增长的美好生活需要，不断促进社会公平正义，形成有效的社会治理、良好的社会秩序，使人民获得感、幸福感、安全感更加充实、更有保障、更可持续。

（一）优先发展教育事业。

建设教育强国是中华民族伟大复兴的基础工程，必须把教育事业放在优先位置，深化教育改革，加快教育现代化，办好人民满意的教育。要全面贯彻党的教育方针，落实立德树人根本任务，发展素质教育，推进教育公平，培养德智体美全面发展的社会主义建设者和接班人。推动城乡义务教育一体化发展，高度重视农村义务教育，办好学前教育、特殊教育和网络教育，普及高中阶段教育，努力让每个孩子都能享有公平而有质量的教育。完善职业教育和培训体系，深化产教融合、校企合作。加快一流大学和一流学科建设，实现高等教育内涵式发展。健全学生资助制度，使绝大多数城乡新增劳动力接受高中阶段教育、更多接受高等教育。支持和规范社会力量兴办教育。加强师德师风建设，培养

高素质教师队伍，倡导全社会尊师重教。办好继续教育，加快建设学习型社会，大力提高国民素质。

（二）提高就业质量和人民收入水平。

就业是最大的民生。要坚持就业优先战略和积极就业政策，实现更高质量和更充分就业。大规模开展职业技能培训，注重解决结构性就业矛盾，鼓励创业带动就业。提供全方位公共就业服务，促进高校毕业生等青年群体、农民工多渠道就业创业。破除妨碍劳动力、人才社会性流动的体制机制弊端，使人人都有通过辛勤劳动实现自身发展的机会。完善政府、工会、企业共同参与的协商协调机制，构建和谐劳动关系。坚持按劳分配原则，完善按要素分配的体制机制，促进收入分配更合理、更有序。鼓励勤劳守法致富，扩大中等收入群体，增加低收入者收入，调节过高收入，取缔非法收入。坚持在经济增长的同时实现居民收入同步增长、在劳动生产率提高的同时实现劳动报酬同步提高。拓宽居民劳动收入和财产性收入渠道。履行好政府再分配调节职能，加快推进基本公共服务均等化，缩小收入分配差距。

（三）加强社会保障体系建设。

按照兜底线、织密网、建机制的要求，全面建成覆盖全民、城乡统筹、权责清晰、保障适度、可持续的多层次社会保障体系。全面实施全民参保计划。完善城镇职工基本养老保险和城乡居民基本养老保险制度，尽快实现养老保险全国统筹。完善统一的城乡居民基本医疗保险制度和大病保险制度。完善失业、工伤保险制度。建立全国统一的社会保险公共服务平台。统筹城乡社会救助体系，完善最低生活保障制度。坚持男女平等基本国策，保障妇女儿童合法权益。完善社会救助、社会福利、慈善事业、优抚安置等制度，健全农村留守儿童和妇女、老年人关爱服务体系。发展残疾人事业，加强残疾康复服务。坚持房子是用来住的、不是用来炒的定位，加快建立多主体供给、多渠道保障、租购并举的住房制度，让全体人民住有所居。

（四）坚决打赢脱贫攻坚战。

让贫困人口和贫困地区同全国一道进入全面小康社会是我们党的庄严承诺。要动员全党全国全社会力量，坚持精准扶贫、精准脱贫，坚持中央统筹省负总责市县抓落实的工作机制，强化党政一把手负总责的责任制，坚持大扶贫格局，注重扶贫同扶志、扶智相结合，深入实施东西部扶贫协作，重点攻克深度贫困地区脱贫任务，确保到二〇二〇年我国现行标准下农村贫困人口实现脱贫，贫困县全部摘帽，解决区域性整体贫困，做到脱真贫、真脱贫。

（五）实施健康中国战略。

人民健康是民族昌盛和国家富强的重要标志。要完善国民健康政策，为人民群众提供全方位全周期健康服务。深化医药卫生体制改革，全面建立中国特色基本医疗卫生制度、医疗保障制度和优质高效的医疗卫生服务体系，健全现代医院管理制度。加强基层医疗卫生服务体系和全科医生队伍建设。全面取消以药养医，健全药品供应保障制度。坚持预防为主，深入开展爱国卫生运动，倡导健康文明生活方式，预防控制重大疾病。实施食品安全战略，让人民吃得放心。坚持中西医并重，传承发展中医药事业。支持社会办医，发展健康产业。促进生育政策和相关经济社会政策配套衔接，加强人口发展战略研究。积极应对人口老龄化，构建养老、孝老、敬老政策体系和社会环境，推进医养结合，加快老龄事业和产业发展。

（六）打造共建共治共享的社会治理格局。

加强社会治理制度建设，完善党委领导、政府负责、社会协同、公众参与、法治保障的社会治理体制，提高社会治理社会化、法治化、智能化、专业化水平。加强预防和化解社会矛盾机制建设，正确处理人民内部矛盾。树立安全发展理念，弘扬生命至上、安全第一的思想，健全公共安全体系，完善安全生产责任制，坚决遏制重特大安全事故，提升防灾减灾救灾能力。加快社会治安防控体系建设，依法打击和惩治黄赌毒黑拐骗等违法犯罪活动，保护人民人身权、财产权、人格权。加强社会心理服务体系建设，培育自尊自信、理性平和、积极向上的社会心态。加强社区治理体系建设，推动社会治理重心向基层下移，发挥社会组织作用，实现政府治理和社会调节、居民自治良性互动。

（七）有效维护国家安全。

国家安全是安邦定国的重要基石，维护国家安全是全国各族人民根本利益所在。要完善国家安全战略和国家安全政策，坚决维护国家政治安全，统筹推进各项安全工作。健全国家安全体系，加强国家安全法治保障，提高防范和抵御安全风险能力。严密防范和坚决打击各种渗透颠覆破坏活动、暴力恐怖活动、民族分裂活动、宗教极端活动。加强国家安全教育，增强全党全国人民国家安全意识，推动全社会形成维护国家安全的强大合力。

同志们！党的一切工作必须以最广大人民根本利益为最高标准。我们要坚持把人民群众的小事当作自己的大事，从人民群众关心的事情做起，从让人民群众满意的事情做起，带领人民不断创造美好生活！

九、加快生态文明体制改革，建设美丽中国

……

十、坚持走中国特色强军之路，全面推进国防和军队现代化

……

十一、坚持"一国两制"，推进祖国统一

……

十二、坚持和平发展道路，推动构建人类命运共同体

……

十三、坚定不移全面从严治党，不断提高党的执政能力和领导水平

……

2. 设计产品介绍

请选择一种产品的介绍，利用本节已学的 Word 2010 知识自主设计编辑一个《××产品介绍的说明书》。

训练目的： 自定义完成长文档的编辑与处理。

训练要求：

（1）创建并保存 Word 2010 新文档。

（2）选择素材，录入文字内容。

（3）自定义设置文档标题格式。

（4）设置正文字体、段落格式。

（5）设置页面格式。

（6）设置奇偶页不同的页眉、页脚。

（7）插入页码，首页和目录页不显示页码。

（8）添加引用的内容。

（9）设置分栏格式。

（10）自动生成目录格式。

训练时长： 3 课时。

训练建议：

（1）两人一组，分组教学。

（2）一名学生收集素材，进行设计。一名学生编辑处理。两人合作完成。

参考样例：

【药品名称】

通用名：金嗓子喉片

汉语拼音：Jinsangzi Houpian

【成分】薄荷脑、山银花、西青果、桉油、石斛、罗汉果、橘红、八角茴香油。辅料为：蔗糖、葡萄糖浆。

【性状】本品为黄棕色至棕褐色的半透明扁圆片；气特异，味甜，有凉喉感。

【功能主治】疏风清热，解毒利咽，芳香辟秽。适用于改善急性咽炎所致的咽喉肿痛，干燥灼热，声音嘶哑。

【规格】每片重 2 克。

【用法用量】含服，一次 1 片，一日 6 次。

【不良反应】尚不明确。

【禁忌】尚不明确。

【注意事项】

1. 忌烟酒、辛辣、鱼腥食物。

2. 不宜在服药期间同时服用温补性中药。

3. 孕妇慎用。糖尿病患者、儿童应在医师指导下服用。

4. 脾虚大便溏者慎用。

5. 属风寒感冒咽痛者，症见恶寒发热、无汗、鼻流清涕者慎用。

6. 服药 3 天症状无缓解，应去医院就诊。

7. 对本品过敏者禁用，过敏体质者慎用。

8. 本品性状发生改变时禁止使用。

9. 儿童必须在成人监护下使用。

10. 请将本品放在儿童不能接触的地方。

11. 如正在使用其他药品，使用本品前请咨询医师或药师。

【药物相互作用】如与其他药物同时使用，可能会发生药物相互作用，详情请咨询医师或药师。

【贮藏】密封，置于干燥处。

【包装】药品包装用铝箔/聚氯乙烯固体药用硬片，6片×2板/盒。

【有效期】36个月。

【执行标准】国家食品药品监督管理局药品标准，WS5973（B-0973)-2012Z。

【批准文号】国药准字 B20020993。

【说明书修订日期】2015年01月24日。

【生产企业】
企业名称：广西金嗓子有限责任公司
生产地址：广西柳州市跃进路28号
邮政编码：545001
电话号码：（0772）2825718
传真号码：（0772）2821456
网址：www.goldenthroat.com
如有问题可与生产企业联系。

1.5.7　学习反馈

	知识要点		掌握程度*
知识获取	能够根据需要设置标题级别及样式		
	能够使用 Word 2010 提供的模板		
	能够插入分隔符、页脚和页码，设置文档奇偶页不同的页眉		
	学会在文档中添加引用内容		
	掌握目录生成的方法		
	实训案例	技能目标	掌握程度*
技能掌握	任务1：排版会议报告	利用模板编辑与处理长文档	
	任务2：制作产品介绍	自定义完成长文档的编辑与处理	
学习笔记			

*知识掌握程度满分为5分，学生可根据训练情况自行评价。

1.6 邮件合并——邀请函

2018 年元旦就要到了，北京蓝天科技发展有限公司定于元旦前夕举办元旦联欢晚会暨客户答谢会，特向社会各界发出邀请函，因为涉及范围广，人数较多，需要对数据进行批量处理，由此可以使用 Word 2010 中的邮件合并功能完成邀请函的制作。效果如图 1-6-1 所示。

```
                    邀请函

亲爱的：王铮您好！
        日新月异雄鸡去，国泰民安玉犬来，2017 年即将进入尾
    声，在过去的一年里，我们公司团结一心，锐意改革创新，
    取得了前所未有的成绩，顺利实现了公司的战略转型和跨越
    式发展。
        饮水思源，我们深知，蓝天所取得的每一点进步和成功，
    都离不开您的关注、信任、支持和参与，为了答谢广大客户
    对我公司工作长期的支持和厚爱，在 2018 年新年到来之际，
    公司定于 2017 年 12 月 28 日 18：00 点在凯悦大酒店一楼举
    办元旦联欢晚会暨客户答谢会，  届时将有精彩的节目和丰
    厚的奖品等待着您，期待您的光临！


                        北京蓝天科技发展有限公司
                        联系人：王晓楠 13531267489
                                      2017.12.15
```

图 1-6-1　邀请函效果图

使用邮件合并功能需要两个文档：主文档和数据源，主文档是指固定的主要内容，比如邀请函的主体内容，而数据源是指变化的内容，比如被邀请对象的姓名、性别、年龄等。

1.6.1　创建主文档

【Step01】新建一空白 Word 文档

打开 Word 2010 工作窗口，新建"文档 1"。

【Step02】录入邀请函主文档的内容

录入邀请函主文档的内容，效果如图 1-6-2 所示。

图 1-6-2　邀请函主文档

【Step03】对文档进行简单的格式化操作

格式化后的效果如图 1-6-3 所示。

图 1-6-3　格式化后的主文档

【Step04】将文档保存为"邀请函主文档 .docx"

保存文档，命名为"邀请函主档 .docx"。

1.6.2 创建数据源文件

【Step01】新建一空白 Word 文档

打开 Word 2010 工作窗口，新建一空白 Word 文档。

【Step02】插入一个 6 行 2 列的表格

【Step03】编辑表格内容

在表格中输入被邀请对象的姓名和联系电话，并适当对表格进行格式化操作，最终效果如图 1-6-4 所示。

姓名	联系电话
王铮	13145689162
马晓楠	13875462259
李如意	13663182148
赵光耀	13784219960
秦天昊	13303185512

图 1-6-4　邮件合并数据源

【Step04】将表格保存为"邮件合并数据源 .docx"

保存文档，命名为"邮件合并数据源 .docx"。

1.6.3 邀请函邮件合并

【Step01】打开文档

打开主文档"邀请函主文档 .docx"。

【Step02】确定合并文档的类型

打开"邮件"选项卡，在"开始邮件合并"组中选择"开始邮件合并"下的"信函"命令，如图 1-6-5 所示。

【Step03】确定数据源文件

打开"邮件"选项卡，在"开始邮件合并"组中，选择"选择收件人"下的"使用现有列表"命令，如图 1-6-6 所示。

图 1-6-5　选择合并文档的类型为"信函"

图 1-6-6　选择收件人的类型为"使用现有列表"

打开选取数据源对话框,找到数据源文件"数据源.docx",双击打开,如图 1-6-7 所示。

图 1-6-7　"选取数据源"对话框

技巧点拨:

邮件合并的数据源除了可以使用 Word 文件以外,常用的还有 Excel 表格、文本文件、Microsoft Access 数据库和 Microsoft Outlook 通讯簿等。

【Step04】在主文档中插入域

将鼠标移到"亲爱的:"后面单击,选择"邮件"选项卡,在"编写和插入域"组中选择"插入合并域"下的"姓名"选项,如图 1-6-8 所示,将在"亲爱的:"后面插入"《姓名》"域,如图 1-6-9 所示。

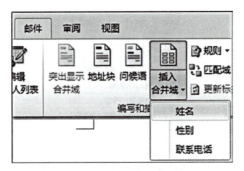

图 1-6-8 选择"姓名"选项

邀请函

亲爱的：«姓名»您好！

  日新月异雄鸡去，国泰民安玉犬来，2017 年即将进入尾声，在过去的一年里，我们公司团结一心，锐意改革创新，取得了前所未有的成绩，顺利实现了公司的战略转型和跨越式发展。

  饮水思源，我们深知，蓝天所取得的每一点进步和成功，都离不开您的关注、信任、支持和参与，为了答谢广大客户对我公司工作长期的支持和厚爱，在 2018 年新年到来之际，公司定于 2017 年 12 月 28 日 18：00 点在凯悦大酒店一楼举办元旦联欢晚会暨客户答谢会，届时将有精彩的节目和丰厚的奖品等待着您，期待您的光临！

北京蓝天科技发展有限公司
联系人：王晓楠 13531267489
2017.12.15

图 1-6-9 插入"姓名"域

技巧点拨：

执行一次"插入合并域"操作，只能插入一个域，如果需要插入多个域，则要进行多次操作。

【Step05】预览结果

单击"邮件"选项卡，选择"预览结果"组中的"预览结果"，再单击"◀"或"▶"按钮，可以依次查看利用邮件合并功能所生成的邀请函，如图 1-6-10 所示。

1 Word 2010 文字处理

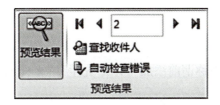

图 1-6-10　预览合并结果

【Step06】合并完成

单击"邮件"选项卡，选择"完成"组中的"完成并合并"下的"编辑单个文档"命令，打开"合并到新文档"对话框，默认对所有记录进行合并，单击"确定"按钮，如图 1-6-11 所示。Word 文档会自动将这些邀请函合并到一个新文档中。

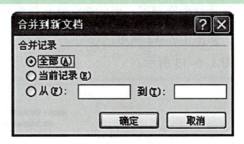

图 1-6-11　将所有邀请函合并到新文档

> **技巧点拨：**
> 如果只合并当前文档中的当前记录，则选择"当前记录"单选按钮，如果需要合并一个范围内的记录，则选择"从……到……"单选按钮，在右侧的两个文本框中输入对应的记录号即可。

【Step07】保存合并文档

将合并文档保存为"合并邀请函.docx"。

1.6.4　拓展训练

知识拓展

（1）IF 域的使用。
（2）域代码"Include picture"的使用。
（3）使用邮件合并向导完成邮件合并。
（4）邮件合并文档类型的选择。

随堂练习

1. 制作邀请函

如果制作邀请函时需要在称谓前添加"××先生""××女士",请你利用邮件合并功能完成这个任务。

训练目的: 学会 Word 中"IF 域"的使用。

训练要求:

(1)在数据源文件中增加"性别"列数据。

(2)进行邮件合并,插入"姓名"域后,再利用 IF 域中条件的判定,根据被邀请对象的性别添加"先生"或"女士"字样。

训练时长: 1 课时。

训练建议: 教师指导学生进行条件判定,根据条件成立与否进行不同的选择操作。

素材: 邮件合并数据源,如图 1-6-12 所示。

效果: 邮件合并效果如图 1-6-13 所示。

图 1-6-12　邮件合并数据源　　　　图 1-6-13　邮件合并效果图

2. 给学生胸卡添加照片

湖城职教中心的胸卡草图设计完毕,请你帮忙为其插入照片。

训练目的: 学会使用域代码"Include picture"插入照片。

训练要求:

(1)插入域代码时,要一定使用组合键 Ctrl+F9,从键盘上输入"{ }"是无效的。

(2)主文档、数据源和照片要放在同一个文件夹下,否则,使用"Include picture"域代码时,要输入绝对路径。

(3)注意照片的大小和胸卡的大小相适应。

训练时长：1 课时。

训练建议：教师指导学生正确完成域代码"Include picture"的输入。

素材：胸卡主文档如图 1-6-14 所示；胸卡数据源如图 1-6-15 所示。

姓名	班级	编号	照片名
王兵	500	170001	王兵.jpg
陈玉洁	503	170048	陈玉洁.jpg
李博文	508	170329	李博文.jpg
刘思齐	476	170824	刘思齐.jpg
郑梦雅	487	170610	郑梦雅.jpg
范世宽	508	170810	范世宽.jpg

图 1-6-14 胸卡主文档　　　图 1-6-15 胸卡数据源

效果：胸卡设计效果如图 1-6-16 所示。

图 1-6-16 胸卡设计效果图

3. 奖状的制作

前不久，振华技工学校信息部举办了各专业技能大赛，教务处准备对获奖的同学颁发奖状予以鼓励，由于涉及的人数较多，请你为他们设计并批量完成奖状的编辑工作。

训练目的：学会使用邮件合并向导完成邮件合并。

训练要求：

（1）按奖状的实际尺寸大小设计主文档，按奖状的格式要求规范编辑奖状的内容。

（2）掌握利用邮件合并向导进行邮件合并的步骤。

训练时长：1 课时。

训练建议：教师注意统一规范奖状的内容及格式要求，引导学生独立完成操作。

素材：奖状主文档如图 1-6-17 所示；奖状数据源如图 1-6-18 所示。

效果：奖状制作效果如图 1-6-19 所示。

	A	B	C
1	姓名	组别	奖项等级
2	李鹏涛	打字	二
3	王楠	电算化	二
4	张晓雨	平面设计	三
5	李兵	动漫	二
6	陈雅晴	打字	二
7	赵一博	电子商务	二
8	许飞	电算化	二
9	袁兰亭	平面设计	二
10	邱子明	动漫	二
11	刘靖好	电算化	二
12	孟建功	打字	二
13	崔雪嫒	平面设计	二
14	白香怡	电子商务	二
15	战胜楠	动漫	二
16	仲颖斌	电子商务	三

图 1-6-17 奖状主文档　　图 1-6-18 奖状数据源　　图 1-6-19 奖状制作效果

4. 工资条的制作

小王刚刚大学毕业参加工作，主管领导交给他一项任务，要求制作出本单位的工资条，有关职工的个人信息放在一个 Excel 工作簿中，如果使用复制、粘贴，任务量大，又容易出错，有没有更为简便方法呢？请你帮他解决这个难题。

训练目的：学会根据不同的情况选择相应合并文档的类型。

训练要求：

（1）邮件合并主文档工资表表格后面要保留至少一个空行，作为两张工资条间的分隔。

（2）在进行邮件合并时，合并文档的类型选择"目录"，这样一页可生成多个工资条。

训练时长：1 课时。

训练建议：教师注意提醒学生注意合并文档的类型选择，引导学生独立完成操作。

素材：工资条主文档如图 1-6-20 所示；工资条数据源如图 1-6-21 所示。

姓名	基本工资	岗位工资	工龄工资	交通补贴	绩效工资	全勤奖	总工资

图 1-6-20　工资条主文档

	A	B	C	D	E	F	G	H
1	姓名	基本工资	岗位工资	工龄工资	交通补贴	绩效工资	全勤奖	总工资
2	刘培芳	3210	400	200	150	1103	100	5163
3	郑楠	2800	300	180	150	789	95	4314
4	辛萌萌	3100	200	160	150	560	64	4234
5	李晓慧	3600	100	140	150	1042	57	5089
6	宋朝阳	3200	300	160	150	604	88	4502
7	赵大年	2900	400	180	150	982	80	4692
8	融翔宇	2650	200	180	150	845	34	4059
9	秦汉良	2780	100	200	150	317	15	3562
10	石进国	3450	100	120	150	654	85	4559
11	吴傅文	2610	200	100	150	1459	94	4613
12	田野	3010	400	120	150	820	100	4600
13	秋一豪	1800	300	80	150	712	96	3138
14	梅兰香	1650	200	60	150	620	83	2763
15	岳建中	1760	300	100	150	720	91	3121
16	马国星	1480	200	160	150	690	84	2764
17	渠会玲	2130	100	120	150	830	79	3409

图 1-6-21　工资条数据源

效果：工资条制作效果如图 1-6-22 所示；一页纸生成多个工资条，如图 1-6-23 所示。

姓名	基本工资	岗位工资	工龄工资	交通补贴	绩效工资	全勤奖	总工资
刘培芳	3210	400	200	150	1103	100	5163

图 1-6-22　工资条制作效果

图 1-6-23　一页纸生成多个工资条

1.6.5　学习反馈

	知识要点		掌握程度 *
知识获取	了解邮件合并的概念及应用领域		
	了解邮件合并涉及的三个文档的关系		
	掌握邮件合并的步骤及技巧		
技能掌握	实训案例	技能目标	掌握程度 *
	任务1：制作邀请函，添加"先生"或"女士"字样	学会 IF 域的使用	
	任务2：在胸卡中插入照片	学会"Include picture 域代码"的使用	
	任务3：制作奖状	学会使用邮件合并向导进行邮件合并	
	任务4：制作工资条	学会根据实际需要选择合并文档类型	
学习笔记			

*知识掌握程度满分为 5 分，学生可根据训练情况自行评价。

Excel 电子表格处理

- ■ 数据编辑——制作校历
- ■ 数据分析——建立成绩分析表
- ■ VLOOKUP 函数——图书销售管理
- ■ 透视表、透视图——教师上课情况分析
- ■ 模拟分析与运算——银行还贷款
- ■ 图表操作——建立公司利润表

2.1 数据编辑——制作校历

校历是学校以学期或学年为单位编制的日历,是学校一年内工作和学习的日程安排,用来规划学校的一年整体工作部署。它鲜明地标注出本学期教学、复习考试和放假时间。校历发至全校干部、职工和教师手中,以利于其安排好一学期工作。

请利用 Excel 制作某校 2017—2018 年第二学期校历,其效果如图 2-1-1 所示。

图 2-1-1　校历表效果图

2.1.1 输入和编辑数据

【Step01】输入数据

依次单击需要输入数据的单元格,输入全部表格数据。其效果如图 2-1-2 所示。

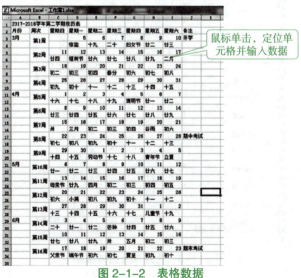

图 2-1-2　表格数据

技巧点拨：

（1）输入数值型数据。

①单击"文件"，在列表中选择"选项"命令，即可弹出"Excel 选项"对话框。

②在弹出的"Excel 选项"对话框中单击"高级"选项卡，在"编辑选项"中勾选"自动插入小数点"复选框，然后在"位数"微调框中输入小数位数。选中"自动插入小数点"，在表格中输入数字即自动添加设置的小数点位数。

注：如果要输入分数（如 1/2），应先输入 0 和一个空格，然后输入 1/2。如果不输入 0 和空格，Excel 会把该数据作为日期数据，存储为 1 月 2 日。

（2）输入日期型数据。输入年、月、日数字，中间用"/"或"–"分隔。例如，输入"13/6/11"或"13-6-11"，即可在 Excel 2010 中输入日期"2013/6/11"。

（3）输入时间型数据：

①输入小时、分钟、秒对应数字，小时、分钟、秒之间用冒号分隔。

② Excel 一般把插入的时间默认为上午时间。若输入的是下午时间，则在时间后面加一空格，然后输入"PM"。

例如，输入下午 5 点 5 分 5 秒，可输入"5：05：05 PM"或"17：05：05"。

【step02】合并单元格

选中需合并的单元格，将单元格合并居中。其效果如图 2-1-3 所示。

图 2-1-3　合并单元格效果图

方法一：使用工具栏按钮。选中需合并的单元格，选择"开始"选项卡，单击"对齐方式"组中的"合并后居中"按钮，如图 2-1-4 所示。

图 2-1-4　使用工具栏按钮

方法二：设置单元格格式。选中需合并的单元格，在选中区域右键单击，弹出快捷菜单，选择"设置单元格格式"命令，打开"设置单元格格式"对话框，在"对齐"选项卡中"文本控制"组选中"合并单元格"，如图 2-1-5 所示。

图 2-1-5　设置单元格格式

2.1.2　整理和修饰表格

【step01】设置字体、字号、对齐方式

表格标题"2017-2018 学年第二学期校历表"设置为黑体，24 号字，水平居中，垂直居中；将表中数据区内容设置为宋体，14 号字，水平居中，垂直居中，标题行加粗。

【step02】设置行高、列宽

将标题区设置行高为 40，"月份"列列宽设置为 5，表中数据区其他内容设置为行高为 20，列宽为 10。

【step03】设置边框和底纹

选择需要设置边框和底纹的区域,单击"开始"选项卡中"段落"组中的"下边框"下拉列表中的"边框和底纹"命令,将数据区内容边框线设置为"所有框线",行标题底纹填充为"黄色",列标题底纹填充为"黄色"。其效果如图2-1-6所示。

图 2-1-6　整理和修饰表格

2.1.3　打印输出工作表

打开"页面布局"选项卡,在"页面设置"组中可以设置页边距、纸张方向、纸张大小、打印区域等。

【step01】设置页边距、对齐方式、页眉页脚

在"页边距"下拉菜单中选择"自定义边距"命令,打开页面设置中的"页边距"选项卡,设置上、下边距为1.5,左、右为0.5,页眉、页脚为0.3,居中方式:"水平""垂直"。其效果如图2-1-7所示。

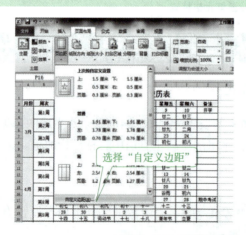
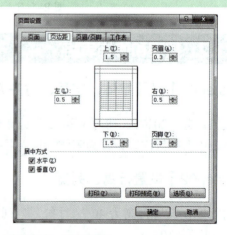

图 2-1-7　设置页边距、对齐方式、页眉页脚

2 Excel 电子表格处理

【step02】设置纸张方向

在"纸张方向"下拉菜单中选择"纵向",如图 2-1-8 所示。

图 2-1-8　设置纸张方向

【step03】设置纸张大小

在"纸张大小"下拉菜单中选择"A4",如图 2-1-9 所示。

图 2-1-9　设置纸张大小

【step04】设置打印区域

首先选择所需打印的区域，然后在"打印区域"下拉菜单中选择"设置打印区域"，如图 2-1-10 所示。

图 2-1-10　设置打印区域

> **技巧点拨：**
>
> 本例中打印区域为全部数据区域，若想比较出全部数据与部分数据的打印效果，请将打印区域另外设置为部分数据区域，如只选中三、四月份数据，执行"打印预览"命令，与本例结果进行比对，效果如图 2-1-11 所示。

图 2-1-11　比对效果

2.1.4 拓展训练

知识拓展

（1）对表格进行数据的编辑。
（2）对表格进行格式设置。
（3）对表格进行边框、底纹的设置。
（4）对表格打印的设置。

随堂练习

1. 整理和分析学生成绩单

小李是一位中学教师，她想通过 Excel 来管理学生成绩，以弥补学校缺少数据库管理系统的不足。现在，第一学期期末考试刚刚结束，请你根据下列要求帮助小李老师对该成绩单进行整理和分析。

训练目的：学会设置数据文本格式。

训练要求：

（1）对工作表中的数据进行格式化操作：将第一列"学号"列设为文本，将所有成绩列设为保留两位小数的数值；适当加大行高列宽，改变字体、字号，设置对齐方式，增加适当的边框和底纹，以使工作表更加美观。

（2）利用"条件格式"功能进行下列设置：将语文、数学、英语三科成绩中不低于 110 分的成绩以一种颜色填充，其他四科中高于 95 分的成绩以另一种字体颜色标出，所用颜色深浅以不遮挡数据为宜。

训练时长：30 分钟。

训练建议：教师指导学生分析样例，引导学生独立完成任务。

参考样例：学生成绩单，如图 2-1-12 所示。

学号	姓名	班级	语文	数学	英语	生物	地理	历史	政治	总分	平均分
120305	包宏伟		91.50	89.00	94.00	92.00	91.00	86.00	86.00		
120203	陈万地		93.00	99.00	92.00	86.00	86.00	73.00	92.00		
120104	杜学江		102.00	116.00	113.00	78.00	88.00	86.00	73.00		
120301	符合		99.00	98.00	101.00	95.00	91.00	95.00	78.00		
120306	吉祥		101.00	94.00	99.00	90.00	87.00	95.00	93.00		
120206	李北大		100.50	103.00	104.00	88.00	89.00	78.00	90.00		
120302	李娜娜		78.00	95.00	94.00	82.00	90.00	93.00	84.00		
120204	刘康锋		95.50	92.00	96.00	84.00	95.00	91.00	92.00		
120201	刘鹏举		93.50	107.00	96.00	100.00	93.00	92.00	93.00		
120304	倪冬声		95.00	97.00	102.00	93.00	95.00	92.00	88.00		
120103	齐飞扬		95.00	85.00	99.00	98.00	92.00	92.00	88.00		
120105	苏解放		88.00	98.00	101.00	89.00	73.00	95.00	91.00		
120202	孙玉敏		86.00	107.00	89.00	88.00	92.00	88.00	89.00		
120205	王清华		103.50	105.00	105.00	93.00	93.00	90.00	86.00		
120102	谢如康		110.00	95.00	98.00	99.00	93.00	93.00	92.00		
120303	闫朝霞		84.00	100.00	97.00	87.00	78.00	89.00	93.00		
120101	曾令煊		97.50	106.00	108.00	98.00	99.00	99.00	96.00		
120106	张桂花		90.00	111.00	116.00	72.00	95.00	93.00	95.00		

图 2-1-12　学生成绩单

2. 统计公司销售

小张是某公司销售部门助理，负责对全公司的销售情况进行统计分析，现在请帮她完成以下操作。

训练目的： 数据格式的设置，边框设置。

训练要求：

（1）将"Sheet1"工作表重命名为"销售情况"，将"Sheet2"重命名为"平均单价"。

（2）在"店铺"列左侧插入一个空列，输入列标题为"序号"，并以001，002，003，…的方式向下填充该列到最后一个数据行。

（3）将工作表标题跨列合并后居中并适当调整其字体、加大字号、改变字体颜色。适当加大数据表行高和列宽，设置对齐方式及销售额数据列的数值格式（保留两位小数），并为数据区域增加边框线。

训练时长： 0.5 课时。

训练建议： 教师指导学生分析样例，引导学生独立完成任务。

参考样例： 销售情况如图 2-1-13 所示。

图 2-1-13 销售情况

3. 记账管理

小王是东方公司的会计，她利用自己所学的办公软件进行记账管理，为了节省时间，同时又确保记账的准确性，她使用 Excel 编制了 2018 年 3 月份员工工资表。请你根据下列要求帮助小王对该工资表进行整理。

训练目的： 会计格式设置，表格的打印设置。

训练要求：

（1）通过合并单元格，将表名放于整个表的上端、居中，并调整字体、字号。

（2）在“序号”列中分别填入 1~15，将其数据格式设置为数值，保留 0 位小数，居中。

（3）将“基础工资”（含）往右各列设置为会计专用格式，保留 2 位小数，无货币符号。

（4）调整表格各列宽度、对齐方式，使其显示更加美观。并设置纸张大小为 A4、横向，整个工作表需调整在 1 个打印页内。

训练时长： 0.5 课时。

训练建议： 教师指导学生分析样例，引导学生独立完成任务。

参考样例： 员工工资表如图 2-1-14 所示。

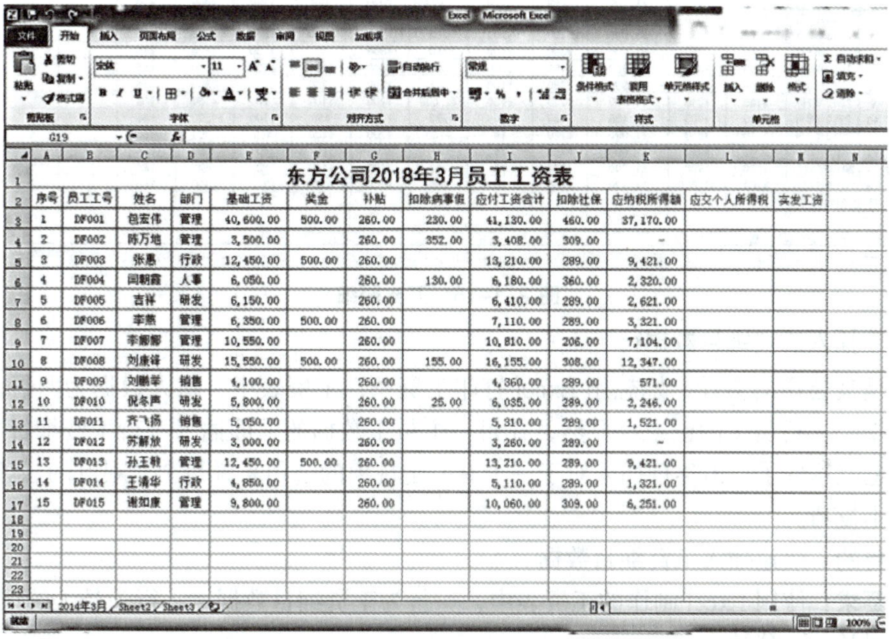

东方公司2018年3月员工工资表

序号	员工工号	姓名	部门	基础工资	奖金	补贴	扣除病事假	应付工资合计	扣除社保	应纳税所得额	应交个人所得税	实发工资
1	DF001	包宏伟	管理	40,600.00	500.00	260.00	230.00	41,130.00	460.00	37,170.00		
2	DF002	陈万地	管理	3,500.00		260.00	352.00	3,408.00	309.00	-		
3	DF003	张惠	行政	12,450.00	500.00	260.00		13,210.00	289.00	9,421.00		
4	DF004	闫朝霞	人事	6,050.00		260.00	130.00	6,180.00	360.00	2,320.00		
5	DF005	吉祥	研发	6,150.00		260.00		6,410.00	289.00	2,621.00		
6	DF006	李燕	管理	6,350.00	500.00	260.00		7,110.00	289.00	3,321.00		
7	DF007	李娜娜	管理	10,550.00		260.00		10,810.00	206.00	7,104.00		
8	DF008	刘康锋	研发	15,550.00	500.00	260.00	155.00	16,155.00	308.00	12,347.00		
9	DF009	刘鹏举	销售	4,100.00		260.00		4,360.00	289.00	571.00		
10	DF010	倪冬声	研发	5,800.00		260.00	25.00	6,035.00	289.00	2,246.00		
11	DF011	齐飞扬	销售	5,050.00		260.00		5,310.00	289.00	1,521.00		
12	DF012	苏解放	研发	3,000.00		260.00		3,260.00	289.00	-		
13	DF013	孙玉敏	管理	12,450.00	500.00	260.00		13,210.00	289.00	9,421.00		
14	DF014	王清华	行政	4,850.00		260.00		5,110.00	289.00	1,321.00		
15	DF015	谢如康	管理	9,800.00		260.00		10,060.00	309.00	6,251.00		

图 2-1-14　员工工资表

4. 制作个人开支明细

小赵是一名刚毕业的大学生，她习惯使用 Excel 表格来记录每月的个人开支情况，在 2017 年年底，小赵将每个月各类支出的明细数据录入了 Excel 工作表中。请你根据下列要求帮助小赵对明细表进行整理。

训练目的： 主题设置，货币格式设置，边框和底纹设置。

训练要求：

（1）在工作表“小赵的美好生活”的第一行添加表标题“小赵 2017 年开支明细表”，并通过合并单元格，放于整个表的上端、居中。

（2）将工作表应用一种主题，并增大字号，适当加大行高、列宽，设置居中对齐方式，除表标题“小赵 2017 年开支明细表”外，为工作表分别增加恰当的边框和底纹，以使工作表更加美观。

（3）将每月各类支出及总支出对应的单元格数据类型都设置为“货币”类型，无小数，有人民币货币符号。

训练时长： 0.5 课时。

训练建议： 教师指导学生分析样例，引导学生独立完成任务。

参考样例： 开支明细如图 2-1-15 所示。

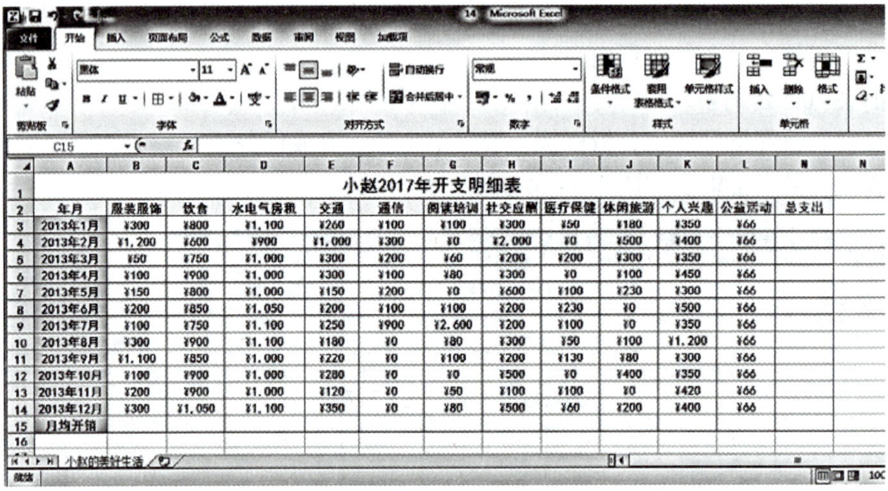

小赵2017年开支明细表												
年月	服装服饰	饮食	水电气房租	交通	通信	阅读培训	社交应酬	医疗保健	休闲旅游	个人兴趣	公益活动	总支出
2013年1月	¥300	¥800	¥1,100	¥260	¥100	¥100	¥300	¥50	¥180	¥350	¥66	
2013年2月	¥1,200	¥600	¥900	¥1,000	¥300	¥0	¥2,000	¥0	¥500	¥400	¥66	
2013年3月	¥50	¥750	¥1,000	¥300	¥200	¥60	¥200	¥200	¥300	¥350	¥66	
2013年4月	¥100	¥900	¥1,000	¥300	¥100	¥80	¥300	¥0	¥100	¥450	¥66	
2013年5月	¥150	¥800	¥1,000	¥150	¥200	¥0	¥600	¥100	¥230	¥300	¥66	
2013年6月	¥200	¥850	¥1,050	¥200	¥100	¥100	¥200	¥230	¥0	¥500	¥66	
2013年7月	¥100	¥750	¥1,100	¥250	¥900	¥2,600	¥200	¥100	¥0	¥350	¥66	
2013年8月	¥300	¥900	¥1,100	¥180	¥0	¥80	¥300	¥50	¥100	¥1,200	¥66	
2013年9月	¥1,100	¥850	¥1,000	¥220	¥0	¥100	¥200	¥130	¥80	¥300	¥66	
2013年10月	¥100	¥900	¥1,000	¥280	¥0	¥0	¥500	¥0	¥400	¥350	¥66	
2013年11月	¥200	¥900	¥1,000	¥120	¥0	¥50	¥100	¥100	¥0	¥420	¥66	
2013年12月	¥300	¥1,050	¥1,100	¥350	¥0	¥80	¥500	¥60	¥200	¥400	¥66	
月均开销												

图 2-1-15　开支明细

5. 快速插入工资细目数据行

小张是某公司的会计，她想用 Excel 打印工资条，工资表中，每人数据为两行，一行工资细目数据，一行员工的记录。显然，在每一个员工数据的上面插入一行工资细目数据，我们的要求也就达到了，但逐行插入对于一个有一定规模的公司来说是个“艰巨的任务”，这里需要有点小技巧。

训练目的： 快速插入工资细目数据。

训练要求： 使用 Excel 制作的工资表中，一行为工资细目数据，一行为员工的记录。

训练时长： 30 分钟。

训练建议： 教师指导学生分析样例，引导学生独立完成任务。

参考样例： 工资条如图 2-1-16 所示。

工号	姓名	基本工资	资格工资	职务补贴	住房补贴	平时加班	假日加班	应发工资	养老保险	所得税	实发工资
S001	张三	900	300	1200	200	0	0	2600	130	30	2440
工号	姓名	基本工资	资格工资	职务补贴	住房补贴	平时加班	假日加班	应发工资	养老保险	所得税	实发工资
S002	李四	900	500	1600	200	0	0	3200	130	60	3010
工号	姓名	基本工资	资格工资	职务补贴	住房补贴	平时加班	假日加班	应发工资	养老保险	所得税	实发工资
S003	王五	900	200	1400	200	0	0	2700	130	35	2535
工号	姓名	基本工资	资格工资	职务补贴	住房补贴	平时加班	假日加班	应发工资	养老保险	所得税	实发工资
S004	赵六	900	100	1300	200	0	0	2500	130	25	2345
工号	姓名	基本工资	资格工资	职务补贴	住房补贴	平时加班	假日加班	应发工资	养老保险	所得税	实发工资
S005	张三三	900	300	1200	200	0	0	2600	130	30	2440

图 2-1-16　工资条

2.1.5 学习反馈

	知识要点		掌握程度*
知识获取	熟练掌握利用设置单元格格式功能进行数据格式设置		
	熟练掌握插入、删除、行高、列宽等的设置		
	熟练掌握表格边框和底纹的设置		
	掌握表格的打印设置		
	实训案例	技能目标	掌握程度*
技能掌握	任务1：整理学生成绩	学会设置数据文本格式	
	任务2：统计公司销售	学会数据格式的设置，边框设置	
	任务3：记账管理	学会会计格式设置，表格的打印设置	
	任务4：制作个人开支明细	学会主题设置，货币格式设置，边框和底纹设置	
	任务5：快速插入工资细目数据	学会快速插入工资细目数据	
学习笔记			

* 知识掌握程度满分为5分，学生可根据训练情况自行评价。

2.2 数据分析——建立成绩分析表

在考试过后，成绩分析是教师的重要工作，同时也是十分烦琐复杂的工作，可以利用 Excel 来轻松完成这一工作。对于教师来说，在教学过程中可以通过对考试结果的分析，了解学生对教材、教法的使用情况，以便调整教学内容和教学方法，改进教与学的关系，以适应学生的特点，满足学生的需求。对于学生来说，通过对学习成绩的分析可以对自己有一个比较全面，清晰的认识，认识到自己的优势与不足，实事求是地反思学习成败的原因，有利于改进学习方法。

2.2.1 建立各科成绩表

创建一个图 2-2-1 所示的“各科成绩表”。

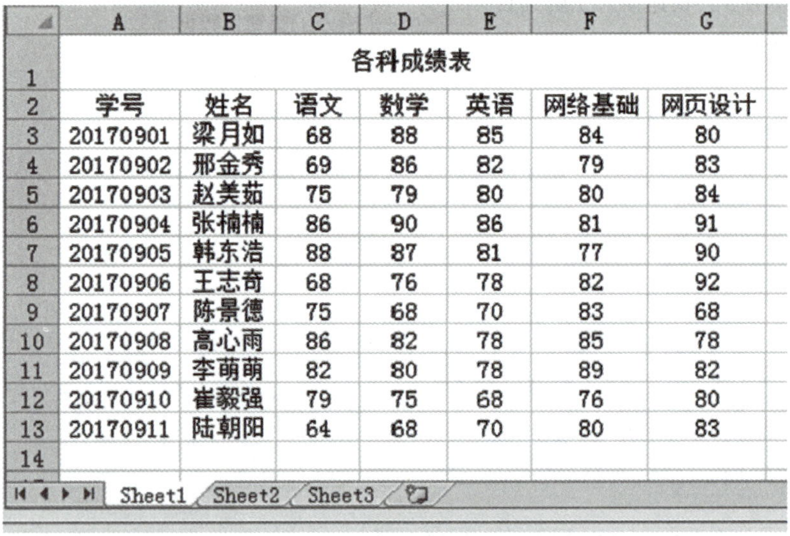

	A	B	C	D	E	F	G
1	各科成绩表						
2	学号	姓名	语文	数学	英语	网络基础	网页设计
3	20170901	梁月如	68	88	85	84	80
4	20170902	邢金秀	69	86	82	79	83
5	20170903	赵美茹	75	79	80	80	84
6	20170904	张楠楠	86	90	86	81	91
7	20170905	韩东浩	88	87	81	77	90
8	20170906	王志奇	68	76	78	82	92
9	20170907	陈景德	75	68	70	83	68
10	20170908	高心雨	86	82	78	85	78
11	20170909	李萌萌	82	80	78	89	82
12	20170910	崔毅强	79	75	68	76	80
13	20170911	陆朝阳	64	68	70	80	83
14							

图 2-2-1 “各科成绩表”效果图

Excel 表格中的数据类型有文本、数值、日期、时间、百分比等，输入数据时，需要区分各单元格数据的类型，选择合适的数据类型，能为以后的数据统计提供方便。

【Step01】输入标题

启动 Excel，单击 A1 单元格，输入标题“各科成绩表”，单击 A1 单元格，并拖动鼠标指针至 G1 单元格，在“开始”选项卡的“对齐方式”选项组中单击“合并后居中”按钮，如图 2-2-2 所示，使标题行居中。

图 2-2-2　合并居中标题行

【Step02】输入行标题

单击 A2 单元格，输入"学号"。同样，在 B2,C2,…,G2 单元格中分别输入"姓名""语文"……"网页设计"。

【Step03】输入数据

方法一：通过"序列"对话框填充"学号"数据序列。

在起始单元格 A3 中输入"20170901"，按 Enter 键后再单击选中该单元格。单击"开始"选项卡"编辑"选项组中的"填充"列表中的"系列"命令，如图 2-2-3 所示。

打开"序列"对话框，在对话框中选择和设置序列的变化规律，如图 2-2-4 所示。

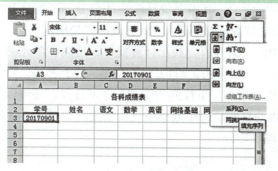

图 2-2-3　"系列"命令

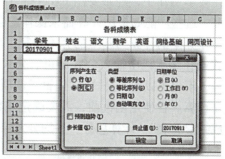

图 2-2-4　"序列"对话框

单击"确定"按钮，自动填充后的数据序列如图 2-2-5 所示。

方法二：通过"填充柄"拖动来填充数据序列。

在单元格 A3、A4 中输入"20170901""20170902"，选中 A3:A4，在选中区域的右下角会出现一个黑色的小方块，称为"填充柄"，如图 2-2-6 所示。

将鼠标指针指向填充柄时，指针变成黑色十字状，拖动填充柄可以创建数据序列，如图 2-2-7 所示。

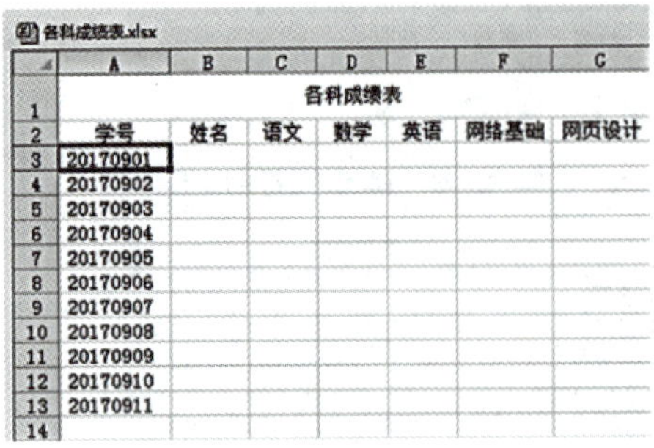

图 2-2-5　填充的等差序列

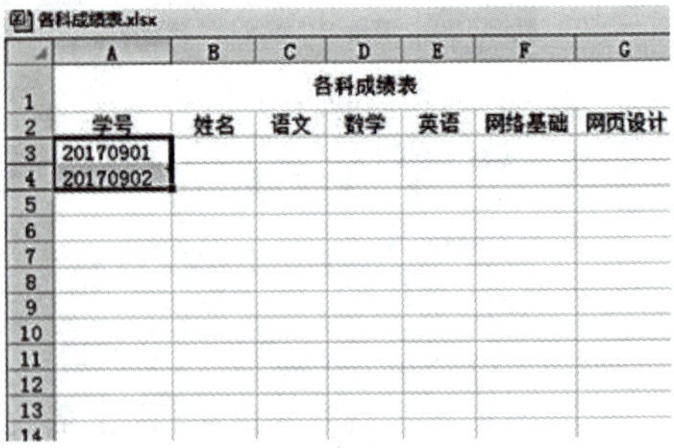

图 2-2-6　选择填充连续单元格

图 2-2-7　填充后的数据递增序列

在其他单元格中分别输入相应的数据，完成“各科成绩表”，其效果如图 2-2-1 所示。

2.2.2　由各科成绩表生成“成绩汇总表”

在教学工作中，经常要用 Excel 统计学生成绩，其中要统计学生的总分、平均分及课程平均分。这些功能如果用计算器来操作，会比较烦琐，但是用 Excel 就能轻松搞定。

该任务中的计算为基本的算术运算。使用公式计算，找出计算规律，然后在单元格中输入公式或在编辑栏中输入公式即可。公式以“=”开头，后面跟表达式。对于求和、算术平均值等，不仅可以使用公式、“编辑”选项组“求和”下拉列表中的命令来计算，还可以使用函数来计算。在使用函数前，需要确定函数的自变量，即数据系列。创建一个图 2-2-8 所示的“成绩汇总表”，计算总分、平均分及课程平均分。

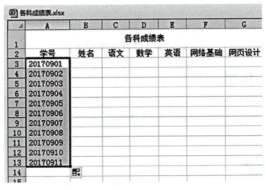

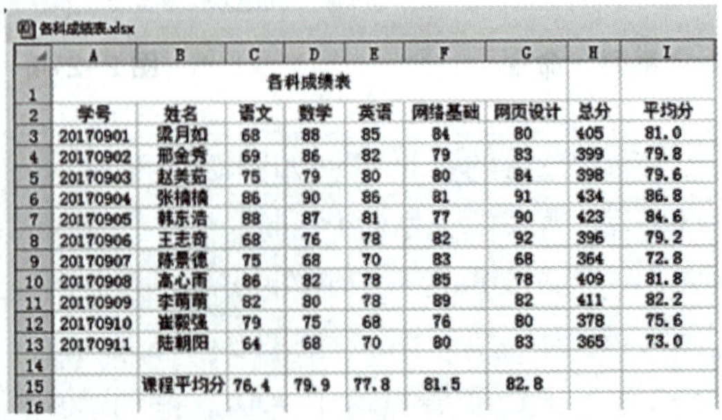

各科成绩表

学号	姓名	语文	数学	英语	网络基础	网页设计	总分	平均分
20170901	梁月如	68	88	85	84	80	405	81.0
20170902	邢金秀	69	86	82	79	83	399	79.8
20170903	赵美茹	75	79	80	80	84	398	79.6
20170904	张楠楠	86	90	86	81	91	434	86.8
20170905	韩东浩	88	87	81	77	90	423	84.6
20170906	王志奇	68	76	78	82	92	396	79.2
20170907	陈景德	75	68	70	83	68	364	72.8
20170908	高心雨	86	82	78	85	78	409	81.8
20170909	李萌萌	82	80	78	89	82	411	82.2
20170910	崔毅强	79	75	68	76	80	378	75.6
20170911	陆朝阳	64	68	70	80	83	365	73.0
	课程平均分	76.4	79.9	77.8	81.5	82.8		

图 2-2-8　成绩汇总表

【Step01】输入计算项目标题

在 H2、I2 中分别输入"总分""平均分",在 B15 中输入"课程平均分"。

【Step02】计算每位学生的总分

方法一:单击 H3 单元格,输入公式"=C3+D3+E3+F3+G3",如图 2-2-9 所示。按 Enter 键,即可计算出梁月如的各科成绩总和。

方法二:使用"求和"按钮计算"总分"。

单击 H3 单元格,单击"开始"选项卡"编辑"选项组中的"求和"按钮,选中需要计算数据所在的单元格区域,即选择 C3:G3 区域,如图 2-2-10 所示,然后按 Enter 键,即可显示计算结果。

图 2-2-9　在单元格中输入公式　　图 2-2-10　使用"求和"按钮计算

方法三:单击 H3 单元格,切换到"公式"选项卡,在"函数库"选项组中单击"插入函数"按钮,打开"插入函数"对话框,如图 2-2-11 所示。

在"选择函数"列表框中选择需要的函数,选择 SUM 函数。单击"确定"按钮。打开如图 2-2-12 所示的"函数参数"对话框,输入要计算的数据系列或区域,也可以单击文本框右侧的按钮,选择单元格区域 C3:G3。

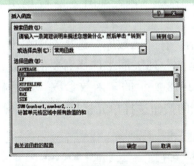

图 2-2-11　"插入函数"对话框　　图 2-2-12　"函数参数"对话框

单击"确定"按钮,得到第一条记录的总计结果,如图 2-2-13 所示。

由于 H4,H5,…,H13 单元格数值的计算方法与 H3 的相同,并且单元格相邻,在计算出 H3 单元格中的数值后,单击并拖动 H3 单元格填充柄至 H13,即可计算出每位学生的各科成绩总分,如图 2-2-14 所示。

图 2-2-13　第一条记录的总计结果　　　　图 2-2-14　使用填充柄计算"总分"

【Step03】计算每位学生的平均分

> **方法一**：单击 I3 单元格，输入公式"=H3/5"，如图 2-2-15 所示。按 Enter 键，即可计算出梁月如的平均分。
>
> **方法二**：使用"求和"按钮下的"平均值"计算"平均分"。
>
> 单击 H3 单元格，单击"开始"选项卡"编辑"选项组中的"求和"按钮下的"平均值"，如图 2-2-16 所示。

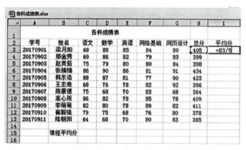
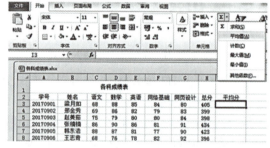

图 2-2-15　在单元格中输入"平均分"公式　　　图 2-2-16　"求和"按钮下的"平均值"

选中需要计算数据所在的单元格区域，即选择 C3:G3 区域，如图 2-2-17 所示。然后按 Enter 键，即可显示计算结果。

方法三：单击 I3 单元格，切换到"公式"选项卡，在"函数库"选项组中单击"插入函数"按钮，打开"插入函数"对话框，在"选择函数"列表框中选择需要的函数，选择 AVERAGE 函数。单击"确定"按钮。打开如图 2-2-18 所示的"函数参数"对话框，输入要计算的数据系列或区域，也可以单击文本框右侧的按钮选择单元格区域 C3:G3。

图 2-2-17　选中需要计算数据所在的单元格区域　　图 2-2-18　AVERAGE"函数参数"对话框

单击"确定"按钮,得到第一条记录的平均值结果,如图 2-2-19 所示。

由于 I4, I5, …, I13 单元格数值计算方法与 I3 相同,并且单元格相邻,在计算出 I3 单元格中的数值后,单击并拖动 I3 单元格填充柄至 I13,即可计算出每位学生的平均分,如图 2-2-20 所示。

图 2-2-19　第一条记录的平均值结果　　　　图 2-2-20　使用填充柄计算"平均分"

参照学生平均分的操作方法,计算课程平均分。

2.2.3　成绩表的排序与筛选

Excel 的排序功能可以让表格中的数据按指定的顺序进行排列,可以按升序、降序等排列。排序操作通过"数据"选项卡的"排序和筛选"选项组进行。

创建一个图 2-2-21 所示"成绩排名表",筛选出总分在 400 分以上,且语文在 80 分以上的记录。

	A	B	C	D	E	F	G	H	I	J
1				各科成绩表						
2	学号	姓名	语文	数学	英语	网络基础	网页设计	总分	平均分	名次
3	20170904	张楠楠	86	90	86	81	91	434	86.8	1
4	20170905	韩东浩	88	87	81	77	90	423	84.6	2
5	20170909	李萌萌	82	80	78	89	82	411	82.2	3
6	20170908	高心雨	86	82	78	85	78	409	81.8	4
7	20170901	梁月如	68	88	85	84	80	405	81.0	5
8	20170902	邢金秀	69	86	82	79	83	399	79.8	6
9	20170903	赵美茹	75	79	80	80	84	398	79.6	7
10	20170906	王志奇	68	76	78	82	92	396	79.2	8
11	20170910	崔毅强	79	75	68	76	80	378	75.6	9
12	20170911	陆朝阳	64	68	70	80	83	365	73.0	10
13	20170907	陈景德	75	68	70	83	68	364	72.8	11
14										
15		课程平均分	76.4	79.9	77.8	81.5	82.8			

图 2-2-21　成绩排名表

【Step01】打开文件

打开"各科成绩表",选中要排序的单元格区域 A2:I13。

【Step02】打开排序对话框

切换到"数据"选项卡,在"排序和筛选"选项组中单击"排序"按钮,打开"排序"对话框,如图 2-2-22 所示。

图 2-2-22 "排序"对话框

【Step03】设置排序条件

根据选择工作表的区域，选中"数据包含标题"选项，在"主要关键字"下拉列表框中选择"总分"选项，在"次序"下拉列表框中选择"降序"选项。单击"确定"按钮，排序结果如图 2-2-23 所示。

	A	B	C	D	E	F	G	H	I
1				各科成绩表					
2	学号	姓名	语文	数学	英语	网络基础	网页设计	总分	平均分
3	20170904	张楠楠	86	90	86	81	91	434	86.8
4	20170905	韩东浩	88	87	81	77	90	423	84.6
5	20170909	李萌萌	82	80	78	89	82	411	82.2
6	20170908	高心雨	86	82	78	85	78	409	81.8
7	20170901	梁月如	68	88	85	84	80	405	81.0
8	20170902	邢金秀	69	86	82	79	83	399	79.8
9	20170903	赵美茹	75	79	80	80	84	398	79.6
10	20170906	王志奇	68	76	78	82	92	396	79.2
11	20170910	崔毅强	79	75	68	76	80	378	75.6
12	20170911	陆朝阳	64	68	70	80	83	365	73.0
13	20170907	陈景德	75	68	70	83	68	364	72.8
14									
15		课程平均分	76.4	79.9	77.8	81.5	82.8		

图 2-2-23 排序结果

【Step04】填充名次

在 J2 单元格输入"名次"，在 J3、J4 单元格输入"1""2"，然后选中 J3 和 J4 单元格，在选中区域的右下角会出现一个黑色的小方块，称为"填充柄"，拖动句柄至单元格 J13，它将自动填充单元格 J5：J13 区域为 3~11 的自然数，如图 2-2-21 所示。

【Step05】设置数据筛选——自动筛选

通过自定义筛选，筛选出总分在 400 分以上，且语文在 80 分以上的记录。

单击需要筛选数据区的任意一个单元格，切换到"数据"选项卡，在"排序和筛选"选项组中单击"筛选"按钮，每个列标题名称右侧出现一个下拉箭头，如图 2-2-24 所示。

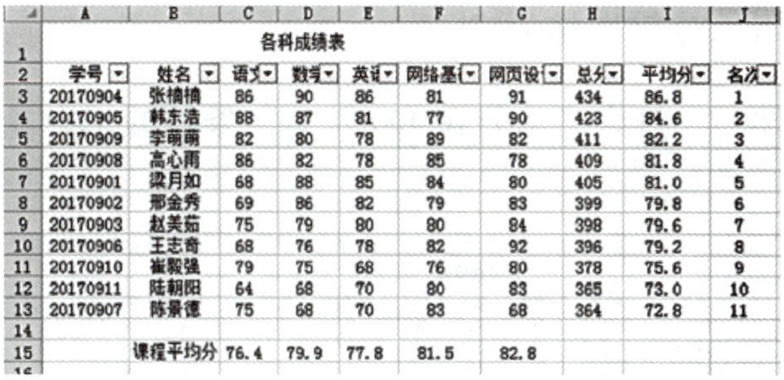

2 Excel 电子表格处理

图 2-2-24 筛选

【Step06】自定义数据筛选——总分

自定义筛选功能可以查找与设定值相等的单元格。同时，还可以筛选任何需要的数据，即等于、大于、小于、大于等于、小于等于或者两者之间的数值。

单击"总分"右侧的下拉按钮，选择"数字筛选"菜单中的"大于或等于"，如图 2-2-25 所示。

图 2-2-25 "数字筛选"子菜单

【Step07】设置"总分"筛选条件

打开"自定义自动筛选方式"对话框，在右侧的组合框中输入"400"，如图 2-2-26 所示。

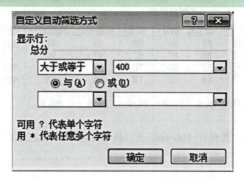

图 2-2-26 设置"总分"筛选条件

【Step08】展示总分筛选结果

单击"确定"按钮,符合"总分在 400 以上"条件的记录显示在工作簿中,如图 2-2-27 所示。

图 2-2-27 "总分在 400 以上"的筛选结果

【Step09】设置"语文"筛选条件

单击"语文"右侧的下拉按钮,选择"数字筛选"菜单中的"大于或等于"。打开"自定义自动筛选方式"对话框,在右侧的组合框中输入"80",如图 2-2-28 所示。

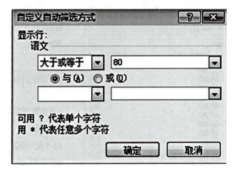

图 2-2-28 设置"语文"筛选条件

【Step10】展示语文筛选结果

单击"确定"按钮,符合"总分在 400 分以上,且语文在 80 分以上的"条件的记录显示在工作簿中,如图 2-2-29 所示。

图 2-2-29 "总分在 400 分以上,且语文在 80 分以上的"的筛选结果

技巧点拨:

Step5~10 的自动筛选操作过程也可用 Step11~13 的高级筛选操作实现。

【Step11】设置数据筛选——高级筛选

使用高级筛选,筛选出总分在 400 分以上,且语文在 80 分以上的记录。

在筛选记录时,经常用到多个条件的筛选,使用"高级筛选"设定好筛选条件,系统自动将符合条件的记录筛选出来。若将筛选条件输入同一行中,筛选时系统会自动查找同时满足所有指定条件的记录并将其筛选出来,也就是多个条件的"与"运算。如果将筛选条件输入不同行中,筛选时会自动查找同时满足其中一个条件的记录,并将其筛选出来,也就是指多个条件的"或"运算。

在数据区域外的任一单元格区域如 B17:C17 中输入被筛选的行标题"总分""语文",在紧靠其下方的 B18:C18 单元格区域中分别输入筛选条件">=400"">=80",如图 2-2-30 所示。

图 2-2-30 设置多个筛选条件

【Step12】设置高级筛选列表区域、条件区域

在"排序和筛选"选项组中单击"高级"按钮,打开"高级筛选"对话框,分别设置"列表区域""条件区域",如图 2-2-31 所示。

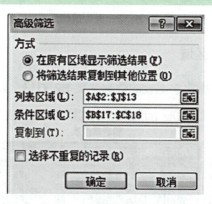

图 2-2-31 "高级筛选"对话框

【Step13】展示高级筛选结果

单击"确定"按钮,系统自动将符合条件的记录筛选出来,并在原有区域显示筛选结果,如图 2-2-32 所示。

	A	B	C	D	E	F	G	H	I	J
1				各科成绩表						
2	学号	姓名	语文	数学	英语	网络基础	网页设计	总分	平均分	名次
3	20170904	张楠楠	86	90	86	81	91	434	86.8	1
4	20170905	韩东浩	88	87	81	77	90	423	84.6	2
5	20170909	李萌萌	82	80	78	89	82	411	82.2	3
6	20170908	高心雨	86	82	78	85	78	409	81.8	4
14										
15		课程平均分	76.4	79.9	77.8	81.5	82.8			
16										
17		总分	语文							
18		>=400	>=80							

图 2-2-32 “高级筛选”结果

2.2.4、建立成绩统计表、统计图

Excel 中含有丰富的图表种类，常运用图表来表达或比较数据的各类形态。使用图表时，应首先确定如何呈现图表、选择图表的类型，其次是选择产生图表的数据区域。利用“考生成绩表”工作簿数据，以姓名为横轴标题，成绩为纵轴标题，绘制各学生的各科考试成绩的三维簇状柱形图，并嵌入在数据表格下方区域，图表标题为“考生成绩图表”，如图 2-2-33 所示。

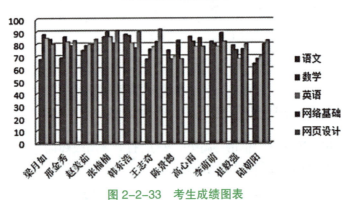

图 2-2-33 考生成绩图表

【Step01】选择数据区域

打开“各科成绩表”，选择建立图表的数据区域 B2:G13，如图 2-2-34 所示。

	A	B	C	D	E	F	G
1				各科成绩表			
2	学号	姓名	语文	数学	英语	网络基础	网页设计
3	20170901	梁月如	68	88	85	84	80
4	20170902	邢金秀	69	86	82	79	83
5	20170903	赵美茹	75	79	80	80	84
6	20170904	张楠楠	86	90	86	81	91
7	20170905	韩东浩	88	87	81	77	90
8	20170906	王志奇	68	76	78	82	92
9	20170907	陈景德	75	68	70	83	68
10	20170908	高心雨	86	82	78	85	78
11	20170909	李萌萌	82	80	78	89	82
12	20170910	崔毅强	79	75	68	76	80
13	20170911	陆朝阳	64	68	70	80	83

图 2-2-34 选择数据区域

【Step02】选择图表类型

切换到"插入"选项卡,在"图表"选项组中单击"柱形图"按钮,打开"柱形图"下拉列表,如图 2-2-35 所示。

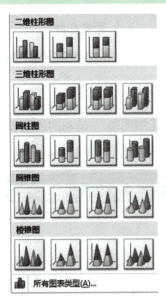

图 2-2-35　选择柱形图图表类型

【Step03】设置图表

单击"三维簇状柱形图"图标,在工作表中插入图表,如图 2-2-36 所示。

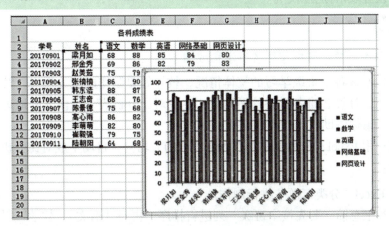

图 2-2-36　创建三维簇状柱形图图表

【Step04】图表布局

切换到"设计"选项卡,在"图表布局"选项组中选择不同的布局类型,如图 2-2-37 所示。

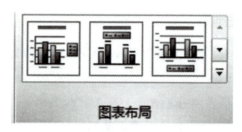

图 2-2-37 "图表布局"选项组

【Step05】设置图表标题名称、位置

单击并编辑图表标题"考生成绩图表",拖动图表至表格数据区下方,结果如图 2-2-33 所示。

2.2.5 拓展训练

知识拓展

(1)数据排序。
(2)分类汇总求平均值。
(3)数据透视表条件筛选。
(4)COUNT IF 函数。
(5)建立簇状柱形图。
(6)RANK 函数计算排名。
(7)学会设置表格标签颜色。

随堂练习

1. 使用"分类汇总"分析年级各班学科成绩

为了更好地掌握各个班级学习的整体情况,教导处要制作成绩分析表,对各班级每个学科成绩进行分析,计算各班各学科的平均分,生成对比分析表,以便更好地进行教师间的排名及教学指导。请你协助教导处完成这项工作。

训练目的: 用 Excel "分类汇总"求各班各科的人均分,自动生成对比分析表。

训练要求:

(1)使用 Excel "分类汇总"进行制作。

(2)在分类汇总前,要先按"班级"列进行排序,再对"语文""数学""英语""网络基础""网页设计""总分"列创建分类汇总。

(3)分类汇总结果左上角有 3 个按钮 1 2 3,分别单击这些按钮,可以显示不同级的分类汇总结果。

(4)单击按钮 ⊞,显示明细数据;单击按钮 ⊟,隐藏明细数据。如果要清除分类汇总,在"分类汇总"对话框中单击"全部删除"按钮即可。

训练时长: 20 分钟。

训练建议：教师指导学生分析样例，引导学生独立完成任务。

素材（图 2-2-38）：

图 2-2-38　年级成绩表

效果（图 2-2-39）：

图 2-2-39　分类汇总结果

2. 使用"数据透视表"分析年级各班学科成绩

数据透视表是一种对大量数据快速汇总和建立交叉列表的交互式表格。使用数据透视表可以更方便地分析和组织数据，例如，可以转换行和列，以查看数据的不同汇总结果，也可以显示不同页面以筛选数据，还可以根据需要显示区域中的明细数据。数据透视表含有多个字段，每个字段汇总了源数据中的多行信息，并能以多种方式查看数据。

训练目的： 用Excel"数据透视表"求各班各科的人均分。

训练要求：

（1）选中"选择一个表或区域"单选按钮，选取数据源区域，选择"新工作表"。

（2）选择要生成数据透视表的字段"班级"，再分别选中"语文""数学""英语""网络基础""网页设计""总分"。

（3）"值字段设置"对话框选择用于汇总所选字段数据的计算类型为"平均值"，单击"数字格式"按钮，选择"数值"型，小数位数为"0"。

训练时长： 20分钟。

训练建议： 教师指导学生分析样例，引导学生独立完成任务。

素材： 年级成绩表如图2-2-40所示。

图2-2-40　年级成绩表

效果： 数据透视表如图2-2-41所示。

图2-2-41　数据透视表

3. 职称情况统计图

每年年初，单位为了掌握职工的职称基本情况，都会由人事科设计"职称情况统计图"，利用Excel可以为负责该项工作的人员节约大量时间，能够正确地汇总数据并进行分析。

训练目的： 统计单位职工的各职称的数量并建立职称情况统计表。

训练要求：

（1）将工作表A1:D1单元格合并为一个单元格，内容水平居中。

（2）计算职工的平均年龄，置于C13单元格内（数值型，保留小数点后一位）。

（3）利用COUNTIF函数计算职称为高工、工程师和助工的人数，置于G5:G7单元格区域。

（4）选取职称列F4:F7和人数列G4:G7数据区域，建立簇状柱形图，标题为"职称情况统计图"。清除图例，将图插入表的A15：E25单元格区域内。

训练时长： 30 分钟。

训练建议： 教师指导学生分析样例，引导学生独立完成任务。

素材： 单位人员情况表如图 2-2-42 所示。

效果： 职称情况统计图如图 2-2-43 所示。

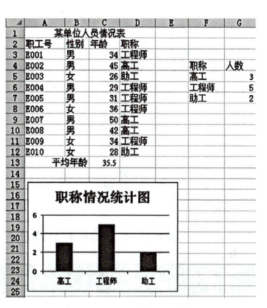

图 2-2-42　单位人员情况表　　　　图 2-2-43　职称情况统计图

4. 汽车市场历年销售情况表

小张是某知名品牌汽车的销售人员。现需要完成一个任务，就是根据某汽车自 1996 年至 2005 年 10 年间的销量情况进行分析，计算出每年所占的比例和 10 年中的排名情况。请你根据自己所学的知识，来帮助他一起进行操作。

训练目的： 计算各年销售量的排名并建立"簇状柱形图"。

训练要求：

（1）将工作表 A1:D1 单元格合并为一个单元格，内容水平居中。

（2）计算历年销售量的总计和所占比例列的内容（百分比型，保留小数点后两位）。

（3）利用 RANK 函数计算各年销售量的排名。

（4）对 A7:D12 的数据区域，按主要关键字各年销售量的递增次序进行排序。

（5）将 A2:D13 区域格式设置为自动套用格式"表样式中等深浅 1"。

（6）选取 A2:B12 数据区域，建立"簇状柱形图"，标题为"销售情况统计图"，图例位置"在顶部显示图例"，设置 Y 轴刻度最小为 5 000，主要刻度单位为 10 000，分类轴交叉于 5 000，将图插入表 A15:E29 单元格区域内。

训练时长： 30 分钟。

训练建议：

教师指导学生分析样例，引导学生独立完成任务。

素材： 汽车历年销售情况如图 2-2-44 所示。

效果： 汽车销售情况统计图如图 2-2-45 所示。

	A	B	C	D
1	某汽车市场历年销售情况表			
2	年份	销售量（万辆）	所占比例	销售量排名
3	1996年	10886		
4	1997年	25194		
5	1998年	39013		
6	1999年	22758		
7	2000年	28900		
8	2001年	52700		
9	2002年	46347		
10	2003年	34242		
11	2004年	54868		
12	2005年	60239		
13	总计			

图 2-2-44 汽车历年销售情况

图 2-2-45 汽车销售情况统计图

2.2.6 学习反馈

	知识要点		掌握程度*
知识获取	熟练掌握单元格数据计算及排序		
	熟练掌握建立图表		
	熟练掌握分类汇总和数据透视表		
	实训案例	技能目标	掌握程度*
技能掌握	任务1：使用"分类汇总"分析年级各班学科成绩	学会利用"据分类汇总"分析数据	
	任务2：使用"数据透视表"分析年级各班学科成绩	学会数据透视表条件筛选	
	任务3：职工职称情况统计图	学会数据的计算与整理，学会插入图表	
	任务4：汽车市场历年销售情况表	学会设置表格标签颜色、数据排序及插入图表	
学习笔记			

*知识掌握程度满分为5分，学生可根据训练情况自行评价。

2.3 VLOOKUP 函数——图书销售管理

小李是某图书销售公司的销售的助理，负责对全公司的销售情况进行统计分析，并将结果提交给销售部经理。2015 年年底，他根据各门店提交的销售报表进行统计分析，效果如图 2-3-1 所示。

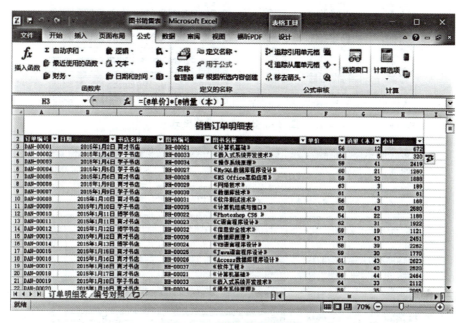

图 2-3-1 销售报表效果图

2.3.1 利用"套用表格格式"对"订单明细表"进行格式设置

打开素材，如图 2-3-2 所示。

图 2-3-2 素材表格

在"开始"选项卡的"样式"组中,单击"套用表格格式"命令右侧的三角按钮,在列表中选择要套用的格式,如图2-3-3所示。完成效果图如图2-3-4所示。

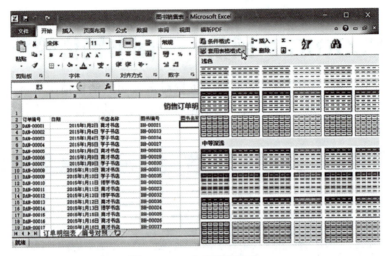

图 2-3-3　套用表格格式

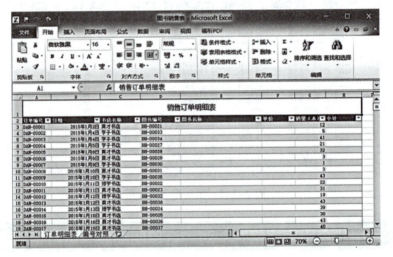

图 2-3-4　套用样式后效果图

2.3.2　利用 VLOOKUP 函数计算"订单明细表"的"图书名称"列

选择工作表"订单明细表",单击选中目标单元格 E3。

【Step01】打开"VLOOKUP"函数对话框

方法一:在"公式"选项卡的"函数库"组中,单击 按钮,打开"插入函数"对话框,如图2-3-5所示。在"选择函数"列表中选择"VLOOKUP",单击"确定"按钮,如图2-3-6所示。

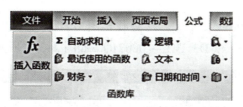

图 2-3-5 工具栏插入函数

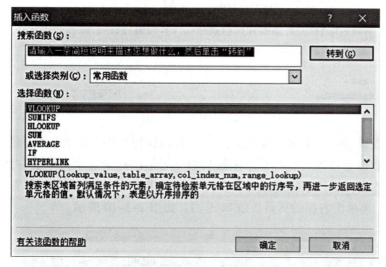

图 2-3-6 调用 VLOOKUP

方法二：单击编辑栏前的 f_x 按钮，打开"插入函数"对话框，在"选择函数"列表中选择"VLOOKUP"，单击"确定"按钮。如图 2-3-7 所示。

图 2-3-7 编辑栏插入函数按钮

【Step02】设置 VLOOKUP 函数参数。

打开"函数参数"对话框，如图 2-3-8 所示。

图 2-3-8 "函数参数"对话框

第一个参数设置：根据"图书编号"查找"图书名称"，所以VLOOKUP函数的第一个参数应该选择"图书编号"（D3 BH－00021），如图2-3-9所示。

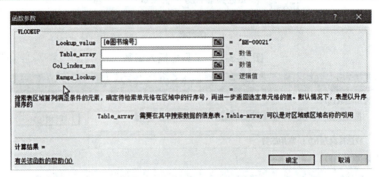

图2-3-9　设置第一个函数参数

第二个参数设置：由于根据"图书编号"对照计算"图书名称"，因此，VLOOKUP函数的第二参数设置步骤为：单击"函数参数"对话框的第二个文本框右侧的折叠按钮，再单击工作表标签"编号对照"，打开"编号对照"工作表，选择"图书编号"和"图书名称"两列，再单击右侧的折叠按钮返回，如图2-3-10所示。

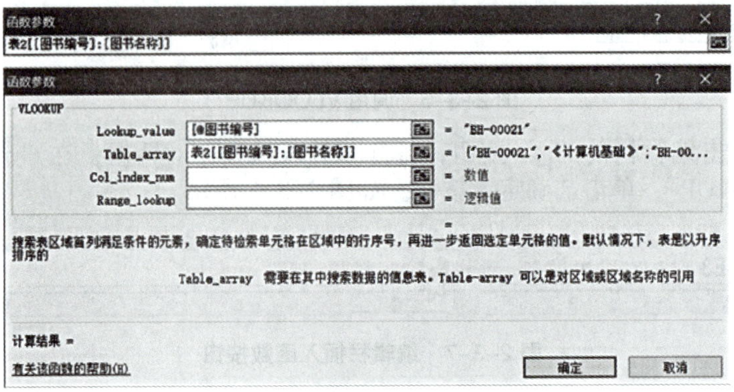

图2-3-10　设置第二个函数参数

第三个参数设置："函数参数"对话框的第三个文本框是决定VLOOKUP函数找到"图书名称"所在行以后，该行的哪列数据被返回，由于"图书名称"在［图书编号］:［图书名称］的第二列，所以在"函数参数"对话框的第三个文本框中输入值"2"，如图2-3-11所示。

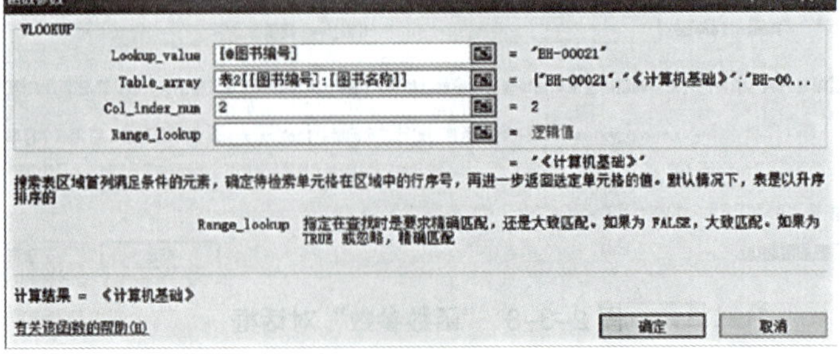

图2-3-11　设置第三个函数参数

第四个参数设置：由于要求"图书名称"与"图书编号"精确匹配，所以在第四个文本框输入"false"或者"0"，单击"确定"按钮，如图 2-3-12 所示。

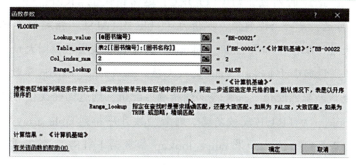

图 2-3-12　设置第四个函数参数

完成效果如图 2-3-13 所示。

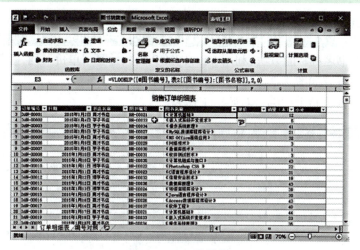

图 2-3-13　效果图

> **技巧点拨：**
>
> 垂直查询函数 VLOOKUP
>
> VLOOKUP（lookup_value, table_array, col_index_num, [range_lookup]）
>
> 功能：搜索指定单元格区域的第一列，然后返回该区域相同行上任何指定单元格中的值。
>
> lookup_value 必需，要在表格或区域的第一列中搜索到的值。
>
> table_array 必需，要查找的数据所在的单元格区域。table_array 第一列中的值就是 lookup_value 要搜索的值。
>
> col_index_num 必需，最终返回数据所在的列号。col_index_num 为 1 时，返回 table_array 第一列中的值，col_index_num 为 2 时，返回 table_array 第二列中的值，依此类推。

如果 col_index_num 参数小于 1，则 VLOOKUP 返回错误值 #VALUE!；如果 col_index_num 参数大于 table_array 的列数，则 VLOOKUP 返回错误值 #REF!。

range_lookup 可选，是一个逻辑值，取值为 TRUE 或 FALSE，指定希望 VLOOKUP 查找精确匹配值还是大致匹配值；如果 range_lookup 为 TRUE 或被省略，则大致匹配值。如果找不到精确匹配值，则返回小于 lookup_value 的最大值。如果 range_lookup 参数为 FALSE 或 0，VLOOKUP 将只查找精确匹配值。如果找不到精确匹配值，则返回错误值 #N/A。

如果 range_lookup 为 TRUE 或被省略，则必须按升序排列 table_array 第一列中的值，否则可能无法返回正确的值。如果 range_lookup 参数为 FALSE，则不需要对 table_array 第一列中的值进行排序。

2.3.3 利用 VLOOKUP 函数计算"订单明细表"的"单价"列

参照计算"图书名称"的方法，利用 VLOOKUP 函数计算"单价"列，参数设置方法如下：

方法一：参数设置如图 2-3-14 所示。
第二文本框参数为整个"编号对照"工作表。

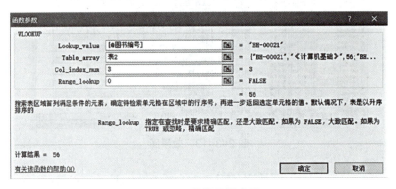

图 2-3-14 参数设置方法一

方法二：参数设置如图 2-3-15 所示。

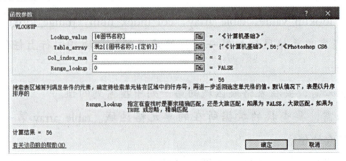

图 2-3-15 参数设置方法二

单价计算完成的效果如图 2-3-16 所示。

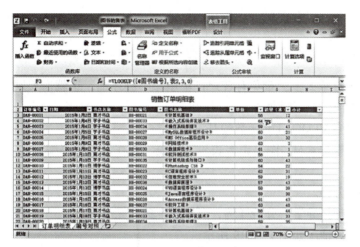

图 2-3-16　单价计算完成效果图

2.3.4　利用公式计算"订单明细表"的"小计"列

输入"小计"公式，如图 2-3-17 所示。

完成效果如图 2-3-18 所示。

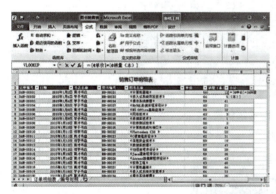
图 2-3-17　输入"小计"公式

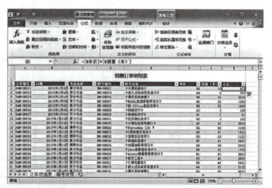
图 2-3-18　"小计"完成效果图

2.3.5　拓展训练

知识拓展

（1）VLOOKUP 函数的基本应用。

（2）CLOUMN 函数。

（3）使用 VLOOKUP 函数进行模糊查找。

（4）绝对地址在 VLOOKUP 函数中的应用。

（5）VLOOKUP 函数的嵌套。

随堂练习

1. 图书查询

图书销售公司订单太多，难免有客户订单填写不够详细，这就需要发货员根据信息关联帮助查询清楚，以便完成书籍邮寄。

训练目的： 学会 VLOOKUP 函数的基本使用。

训练要求： 请根据素材"图书销售表"工作表，查找订单图书编号为"BH-00031"的图书名称。

训练时长： 10 分钟。

训练建议： 教师指导学生分析样例，引导学生独立完成任务。

素材： 图书销售情况如图 2-3-19 所示。

图 2-3-19 图书销售表

效果： 图书编号查找结果，如图 2-3-20 所示。

图 2-3-20 查找结果

2. 考生信息查询

某考试报名人数众多，成绩公布后，有个别考生对分数有异议，需对成绩进行复议，既考虑用查找、复制、粘贴等操作完成，也考虑到用 VLOOKUP 函数完成，但对照 VLOOKUP 函数更快捷方便，先请你帮助查询。

训练目的： 学会 VLOOKUP 函数的基本使用方法,结合 CLOUMN 函数完成多列数据计算。

训练要求： 请根据素材"考生成绩表"工作表，查找一名叫"孙玲"的考生的各科成绩。

训练时长： 15 分钟。

训练建议： 教师指导学生分析样例，引导学生独立完成任务。

素材： 考生成绩表如图 2-3-21 所示。

学号	姓名	语文	数学	英语	物理	化学	生物
201701	孙平	149	115	87	79	69	80
201702	王岩	119	130	69	44	50	69
201703	李标	57	86	50	87	65	52
201704	赵丽	99	85	65	89	65	67
201705	李明	53	110	65	78	86	78
201706	张华	63	72	86	86	78	88
201707	王红	121	132	83	78	80	78
201708	孙梦	83	65	85	80	69	86
201709	何玲	96	146	66	69	71	78
201710	王彩	142	140	89	52	66	80
201711	钱萌	76	97	98	67	89	99
201712	王强	146	134	96	78	98	65
201713	何海	117	139	99	88	96	84
201714	徐兰	71	95	65	79	69	69
201715	徐香	134	116	84	92	60	60
201716	马朋	73	146	69	82	84	84
201717	张庆	124	112	60	99	94	92
201718	张颖	88	50	84	89	88	82
201719	李盼	77	100	94	96	99	99
201720	赵志	58	113	88	85	96	89
201721	孙岩	95	78	93	86	86	84
201722	王标	116	86	95	84	78	82
201723	李力	146	95	97	82	80	80
201724	老明	112	105	99	80	69	86

图 2-3-21 考生成绩表

效果： 考生成绩查找结果如图 2-3-22 所示。

B2 =VLOOKUP($A2,成绩表!$B$2:$H$41,COLUMN(成绩表!B2),0)

姓名	语文	数学	英语	物理	化学	生物
孙玲	110	118	66	69	88	52

图 2-3-22 查找结果

> **技巧点拨：**
>
> CLOUMN 函数返回一引用的列号。
>
> 考虑需要查询的成绩在多列，如果公式每次复制还要手动更改，则比较麻烦，结合 CLOUMN 函数则可以在 B2 单元格设置好公式后直接向右侧各单元格复制即可，轻松解决了后面公式修改问题。

3. 学生成绩统计

某中学初三年级学生面临中考，为了客观考核学生成绩，采用集中阅卷，教务处统一重新给学生编排学号，试卷中只填写学号，成绩登记后再将各科成绩与各班学生姓名对应。

训练目的： 学会 VLOOKUP 函数的嵌套使用。

训练要求： 请根据素材中的"学号""总成绩"两工作表，计算"物理成绩"工作表中的成绩。

训练时长：20 分钟。

训练建议：教师指导学生分析样例，引导学生独立完成任务。

素材：提供素材，如图 2-3-23~ 图 2-3-25 所示。

效果：查找结果如图 2-3-26 所示。

图 2-3-23　素材 1　　　　图 2-3-24　素材 2

图 2-3-25　素材 3　　　　图 2-3-26　结果图

提示：

1. 绝对地址应用。

2. 利用 VLOOKUP 函数的嵌套完成计算，如图 2-3-27 所示。

图 2-3-27　VLOOKUP 函数嵌套

4. 计算机基础组 2017 年度 10 月份课时费统计表

月底到了，现在需要统计一下计算机基础组 2017 年度 10 月份教师上课情况，并计算出该月份各老师应得的课时费，现请你根据所给数据将表格中空缺的内容填好。

训练目的：进一步熟悉 VLOOKUP 函数的使用及其嵌套运用。

训练要求：打开素材文件，完成工作表"课时费统计表"中各空白列的计算。
训练时长：30 分钟。
训练建议：教师指导学生分析样例，引导学生独立完成任务。
素材：提供素材，如图 2-3-28~图 2-3-33 所示。

图 2-3-28　素材 1

图 2-3-29　素材 2

图 2-3-30　素材 3

图 2-3-31　素材 4

图 2-3-32　素材 5

效果：

	A	B	C	D	E	F	G	H	I
1	计算机基础组2017年度课时费统计表								
2	序号	年度	系	教研室	姓名	职称	课时标准	学时数	课时费
3	1	2017	计算机系	计算机基础组	张四	教授	120	40	4800
4	2	2017	计算机系	计算机基础组	王素	教授	120	48	5760
5	3	2017	计算机系	计算机基础组	赵山	副教授	100	56	5600
6	4	2017	计算机系	计算机基础组	钱二	副教授	100	56	5600
7	5	2017	计算机系	计算机基础组	李忠	副教授	100	36	3600
8	6	2017	计算机系	计算机基础组	王兴	讲师	80	48	3840
9	7	2017	计算机系	计算机基础组	向玉	副教授	100	40	4000
10	8	2017	计算机系	计算机基础组	陈一	讲师	80	40	3200
11	9	2017	计算机系	计算机基础组	金山	讲师	80	54	4320
12	10	2017	计算机系	计算机基础组	李东	讲师	80	56	4480
13	11	2017	计算机系	计算机基础组	李建	讲师	80	50	4000
14	12	2017	计算机系	计算机基础组	李云	讲师	80	48	3840
15	13	2017	计算机系	计算机基础组	张海	讲师	80	40	3200
16	14	2017	计算机系	计算机基础组	孙六	助教	60	34	2040
17									

图 2-3-33　计算结果

2.3.6　学习反馈

	知识要点	掌握程度*
知识获取	VLOOKUP 函数	
	CLOUMN 函数	
	函数嵌套	
	实训案例	技能目标	掌握程度*
技能掌握	任务 1：图书查询	学会 VLOOKUP 函数的 Σ 值的多次使用	
	任务 2：考生信息查询	熟悉 VLOOKUP 函数的运用，学会 CLOUMN 函数的使用	
	任务 3：学生成绩统计	学会 VLOOKUP 函数的嵌套	
	任务 4：计算机基础组 2017 年度 10 月份课时费统计表	进一步熟悉 VLOOKUP 函数的嵌套运用	
学习笔记		

*知识掌握程度满分为 5 分，学生可根据训练情况自行评价。

2.4 透视表、透视图——教师上课情况分析

某校领导因工作需要，需临时调取并汇总 2017 年 12 月 11—17 日及 12 月 18—24 日两个阶段平面专业二年级 450、451、452 三个班授课教师的上课情况，要求能够在一个表格内实现所有相关教师的周日和白天课时量的汇总数据及图表，并同时实现任意一位教师的单独查询。小赵经过仔细的思考，发现经常使用的分类汇总和公式等功能并不能很好地实现所要求的功能，且用时过长，在规定的时间内完不成任务。因此，他决定使用汇总功能强大的数据透视表进行设计，最终快速而圆满地完成了任务。其效果如图 2-4-1 所示。

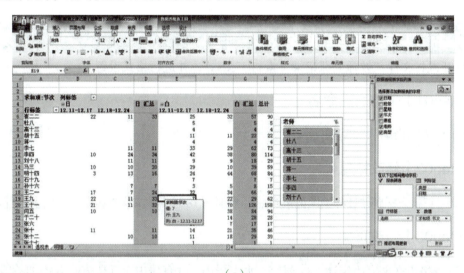

(a)

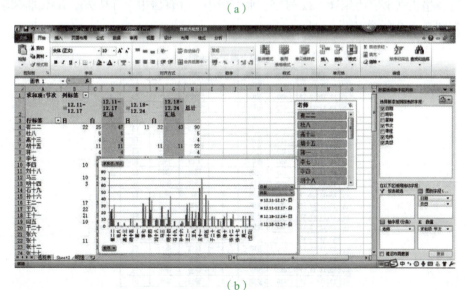

(b)

图 2-4-1　效果图

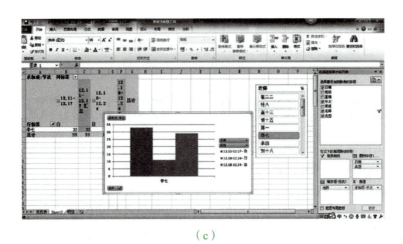

（c）

图 2-4-1 效果图（续）

2.4.1 基本数据格式修改

请打开素材文件"教师上课记录（素材）.xlsx"，并进行格式设置。

【Step01】工作表重命名

将工作表重命名为"明细"。

【Step02】修改标题

在第一行插入标题"教师上课记录明细"，黑体，18号字，文字加粗，合并居中，行高40。

【Step03】修改正文

设置表格正文文字为宋体，12号字，水平居中，垂直居中，行高20，并添加单线边框。其效果如图 2-4-2 所示。

图 2-4-2 基本数据格式

2.4.2 分时间段统计教师上课情况

【Step01】创建数据透视表

切换到"插入"选项卡,单击"表格"组中的"数据透视表"按钮,打开"创建数据透视表"对话框。将要分析的数据区域填入对应的区域,将"选择放置透视表的位置"设为"新工作表"。其效果如图2-4-3所示。

图 2-4-3 "数据透视表"设置

> **技巧点拨:**
> 若单击数据透视表按钮前,鼠标定位在表格数据区域内任意一个单元格中,则打开"创建数据透视表"对话框后,默认选择要分析的区域为全部表格的正文部分,不包含标题部分。

【Step02】编辑数据透视表

在"创建数据透视表"对话框中,单击"确定"按钮,进入"数据透视表"编辑状态。将当前工作表重命名为"透视表"。此时单击数据透视表1中的任意位置,则在窗口右侧出现"数据透视表字段列表"窗格。将"日期"拖动到"列标签"区域、"类型"拖动到"列标签"区域、"老师"拖动到"行标签"、"节次"拖动到"数值区域",并将"值字段设置"设置为"求和项"。其效果如图2-4-4所示。

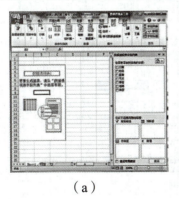
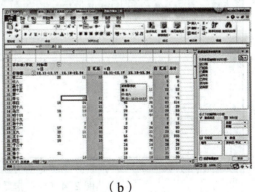

(a)　　　　　　　　　　(b)

图 2-4-4 编辑数据透视表

【Step03】插入切片器

选择数据透视表中任意一个单元格,单击"插入"选项卡中的"切片器"按钮,弹出"插入切片器"对话框,选中要创建切片器的"教师"字段,单击"确定"按钮。此时,单击切片器上任意一位老师的姓名,即可查看其两周内的上课情况。其效果如图 2-4-5 所示。

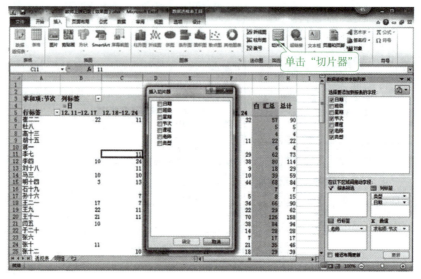

图 2-4-5　插入切片器

【Step04】筛选数据

在打开的"老师"切片器中,选择要筛选的项目,如"李七",此时数据透视表中只显示老师为"李七"的上课情况数据,如图 2-4-6 所示。

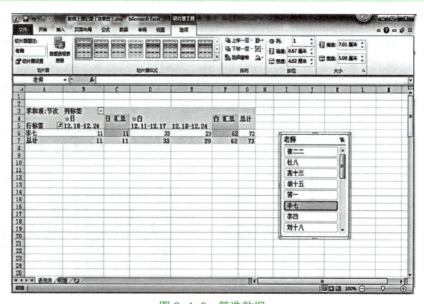

图 2-4-6　筛选数据

> **技巧点拨：**
>
> 切片器是筛选组件，它包含一组按钮，可快速地在数据透视表上筛选所需数据，而不需要打开下拉列表。在同一个数据透视表中，可同时创建多个切片器，选中某一切片器，可按 Delete 键删除。

2.4.3 制作透视表的同时制作透视图

【Step01】同时创建数据透视表及透视图

选中"明细"表内容中任意一个单元格，切换到"插入"选项卡，单击"表格"组中的"数据透视表"按钮右侧向下的黑三角，单击"数据透视图"按钮，打开"创建数据透视表及数据透视图"对话框。将要分析的数据区域填入对应的区域，并选择放置透视表和透视图位置为新工作表。其效果如图 2-4-7 所示。

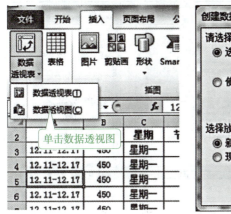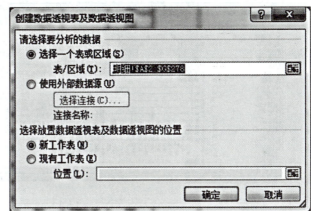

图 2-4-7 创建数据透视表和透视图

【Step02】同时编辑数据透视表及透视图

单击"创建数据透视表和透视图"对话框中的"确定"按钮，进入"数据透视表"编辑状态。将当前工作表重命名为"透视表及透视图"。此时单击数据透视表 1 或图表 1 中任意位置，则在窗口右侧出现"数据透视表字段列表"窗格。将"日期"拖动到"列标签"区域、"类型"拖动到"列标签"区域、"老师"拖动到"行标签""节次"拖动到"数值区域"，并将"值字段设置"设置为"求和项"。其效果如图 2-4-8 所示。

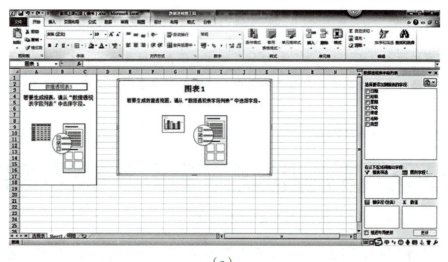

(a)

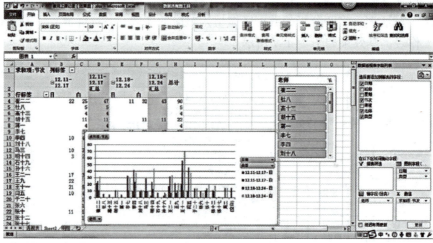

(b)

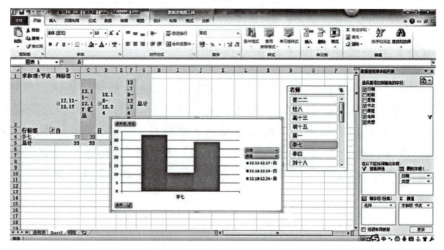

(c)

图 2-4-8　同时编辑数据透视表和透视图

2 Excel 电子表格处理

> **技巧点拨：**
>
> 默认情况下，数据透视表的名称为"数据透视表1"，若想修改，可任意选中数据透视表内容区域，单击"数据透视表工具"的"选项"选项卡，在"数据透视表"组中的"数据透视表名称"文本框中删除原表名称，输入新的名称即可。
>
> 默认情况下，数据透视图的名称为"图表1"，若想修改，可任意选中数据透视图内容区域，单击"数据透视图工具"的"布局"选项卡，在"属性"组中的"图表名称"文本框中删除原图名称，输入新的名称即可。

2.4.4 拓展训练

知识拓展

（1）切片器。
（2）数据透视表和数据透视图更改名称。
（3）同数据透视图内对同一字段同时显示不同值字段设置。
（4）合并计算。
（5）数据透视表的 Σ 值的多次使用及顺序调整。
（6）数据透视表条件筛选。
（7）数据透视表中设置筛选报表字段。
（8）设置表格标签颜色，数据透视表按照顺序进行设置。
（9）同一工作表内按照不同类别设置多个数据透视表。

随堂练习

1. 学生成绩分析

张老师一直很关注班内的四个后进学生，在学习和生活上经常给予帮助，马上就要进行期末考试了，张老师想对 A、B、C、D 四人在本学期的五次考试中所获得的成绩进行分析，以便更好地进行针对性的辅导。请你协助张老师进行一下设计。

训练目的： 学会数据透视表的 Σ 值的多次使用及顺序调整。
训练要求：
（1）需要同时看到四个人五次考试每科成绩最高分、最低分。
（2）也可分别查询每人的五次考试每科成绩最高分、最低分。
（3）使用数据透视图进行制作。
（4）调整顺序，使同一科目的最大值和最小值紧邻。
训练时长： 20 分钟。
训练建议： 教师指导学生分析样例，引导学生独立完成任务。
素材： 学生成绩单，如图 2-4-9 所示。

图 2-4-9　学生成绩单

效果： 数据透视表效果图，如图 2-4-10 所示。

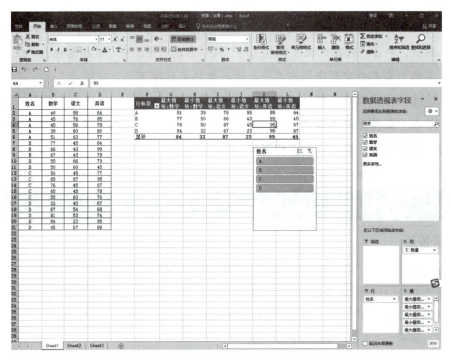

图 2-4-10　数据透视表效果图

2. 专业调查分析

由于目前的就业形势越来越严峻，中职学生的专业分布情况也随之有所变化，为此我校每两年进行一次学生专业分布调查，以掌握现阶段最热门的行业情况。请你帮助我们对 2017 年、2015 年调查数据的统计进行分析。

训练目的： 学会数据透视表条件筛选。

训练要求：

（1）打开素材文件，将工作表标签分别更名为"2017 年统计数据""2015 年统计数据"，将空白表格标签更名为"比较数据"，以"学生专业分布数据分析.xlsx"文件名保存。

（2）对两个工作表中的数据区域套用合适的表格样式，要求至少四周有边框，且偶数行有底纹，并将人数列数字格式设置为数值型，比重设置为百分比。

（3）将两个工作表内容合并，合并后的工作表放置在"比较数据"中，自 A1 单元格开始，且保持最左列为专业名称。调整合并后表格的列宽、行高、边框底纹、内容的字体字号。

（4）在合并后的工作表"比较数据"中的数据区域最右边增加"人数增长""比重增长"两列，计算两列的值，并设置合适的格式。

（5）基于工作表"比较数据"创建一个数据透视表，将其单独存放在一个名字为"分析"的工作表中。请筛选出 2017 年人数超过 200 的专业及其人数、比重、人数增长、比重增长，并按人口数从多到少排列。

训练时长： 20 分钟。

训练建议： 教师指导学生分析样例，引导学生独立完成任务。

素材： 统计数据，如图 2-4-11 和图 2-4-12 所示。

图 2-4-11　统计数据 1

图 2-4-12　统计数据 2

效果： 数据分析，如图 2-4-13~图 2-4-16 所示。

图 2-4-13　数据分析 1

图 2-4-14　数据分析 2

图 2-4-15　数据分析 3

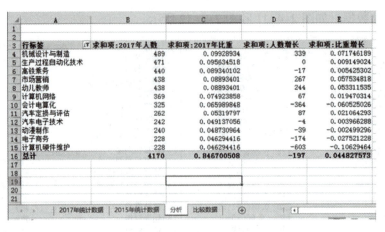

图 2-4-16　数据分析 4

3. 销售情况分析

小张毕业后进入家族企业工作，他打算从基层做起，现任公司销售部助理，负责对全公司销售情况进行统计分析，并将结果提交给销售部经理。年底到了，小张汇总时发现各个门店提交上来的数据非常不统一，不但格式不同，甚至连店铺名称和季度表达方式都有所不同。这可难坏了小张。请你帮助小张利用所学知识先将表格内容整理好，然后协助他对各门店提交的销售报表进行统计分析。

训练目的： 学会杂乱数据的整理，在数据透视表中设置筛选报表字段。

训练要求：

（1）打开素材文件"资料整理前.xlsx"，通过对照表中提供的信息，将"Sheet1"表中的内容进行整理；同时将对照表中的商品单价区域复制到新建工作表"Sheet2"中，设置合适的格式；然后删除"对照表"工作表，将工作簿另存为"资料整理后.xlsx"。

（2）打开工作表"资料整理后.xlsx"，将标签分别更名为"销售情况""平均单价"。

（3）在店铺列左侧插入一个空列，输入列号"序号"，以文本格式001，002，…进行填充。

（4）工作表标题合并居中，调整字体字号，改变颜色；适当改变表格行高、列宽，水平垂直居中对齐。

（5）将"平均单价"工作表中的区域B3∶C7定义为"商品均价"；填充"销售情况"表中的"销售额"列。

（6）为工作表"销售情况"中的销售数据创建一个数据透视表，放在一个名字为"透视分析"的新工作表中，要求针对每种商品比较各门店每个季度的销售额。其中，商品名称为报表筛选字段，店铺为行标签。季度为列标签，并对销售额求和，最后对数据透视表进行格式设置，使其美观。

（7）根据生产的数据透视表，在透视表下方创建一个簇状柱形图，图表中仅对各门店四个季度"键盘"的销售额进行比较。

训练时长： 1课时。

训练建议： 教师指导学生分析样例，引导学生独立完成任务。

素材：数据资料如图 2-4-17 所示，整理后的结果如图 2-4-18 所示。

	A	B	C	D	E
1	公司品牌计算机设备全年销量统计表				
2					
3	店铺	季度	商品名称	销售量	销售额
4	1号店	1季度	笔记本	200	
5	1号店	1季度	鼠标	538	
6	1号店	1月~3月	打印机	503	
7	2号店	1月~3月	键盘	754	
8	4号店	1季度	键盘	674	
9	二号店	1季度	鼠标	586	
10	三号店	1季度	台式机	247	
11	三号店	1月~3月	打印机	500	
12	叁号店	1月~3月	笔记本	180	
13	四号店	1季度	鼠标	648	
14	四号店	1季度	打印机	406	
15	肆号店	1月~3月	笔记本	210	
16	星辰店	1月~3月	鼠标	516	
17	星辰店	1季度	键盘	686	

sheet1 对照表

图 2-4-17　资料

一号店	阳光店	1号店	壹号店
二号店	月亮店	2号店	贰号店
三号店	星辰店	3号店	叁号店
四号店	宇宙店	4号店	肆号店

一季度	1月~3月
二季度	4月~6月
三季度	7月~9月
四季度	10月~12月

商品名称	平均单价（人民币元）
笔记本	4552.311
台式机	3861.225
鼠标	109.5461
键盘	175.3987
打印机	1150.465

图 2-4-18　整理后的资料

效果：完成效果图，如图 2-4-19~ 图 2-4-22 所示。

	A	B	C	D	E
1	公司品牌计算机设备全年销量统计表				
2					
3	店铺	季度	商品名称	销售量	销售额
4	一号店	1季度	笔记本	200	
5	一号店	2季度	笔记本	150	
6	一号店	3季度	笔记本	250	
7	一号店	4季度	笔记本	300	
8	二号店	1季度	笔记本	230	
9	二号店	2季度	笔记本	180	
10	二号店	3季度	笔记本	290	
11	二号店	4季度	笔记本	350	
12	三号店	1季度	笔记本	180	
13	三号店	2季度	笔记本	140	
14	三号店	3季度	笔记本	220	
15	三号店	4季度	笔记本	280	
16	四号店	1季度	笔记本	210	
17	四号店	2季度	笔记本	170	
18	四号店	3季度	笔记本	260	
19	四号店	4季度	笔记本	320	
20	一号店	1季度	台式机	260	
21	一号店	2季度	台式机	243	
22	一号店	3季度	台式机	362	
23	一号店	4季度	台式机	377	
24	二号店	1季度	台式机	261	
25	二号店	2季度	台式机	349	
26	二号店	3季度	台式机	400	
27	二号店	4季度	台式机	416	

sheet1 sheet2

图 2-4-19　销量统计

商品名称	平均单价（人民币元）
笔记本	4, 552. 31
台式机	3, 861. 23
鼠标	109. 55
键盘	175. 40
打印机	1, 150. 47

图 2-4-20　填充颜色

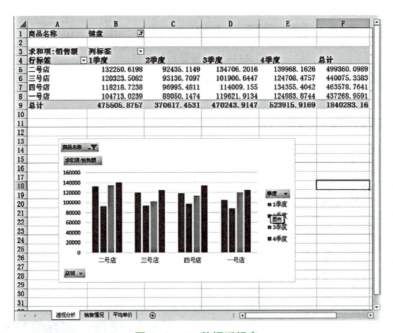

图 2-4-21　调整列表

图 2-4-22　数据透视表

4. 期末成绩分析

张老师是某校信息系教务处的工作人员，信息系平面组提交了 2017 级平面设计专业四个班的期末考试成绩单，为了更好地掌握各个班学生学习的整体情况，教务处主任要求他制作一个成绩分析表，以便领导掌握宏观情况。因下午领导班子就要开会，所以留给张老师的时间非常有限，请你帮助张老师对学生成绩进行整体的分析。

训练目的： 学会设置表格标签颜色、对数据透视表按照顺序进行设置。

训练要求：

（1）打开素材文件“考试成绩分析（素材）.xlsx”，另存为“期末成绩分析 .xlsx”。

（2）在“2017 级平面”工作表的最右侧依次插入“总分”“平均分”“年级排名”列，并利用公式分别计算这三列的值。

（3）将表格标题设置为“合并居中”，设置合适的字体、字号；对工作表区域套用带标题行的表格格式。设置所有行、列的对齐方式为居中；设置排名为整数，其他成绩保留 1 位小数。

（4）对成绩不合格（小于 60）的单元格使用“条件格式”,突出显示“黄色（标准色）填充，红色（标准色）文本”。

（5）利用公式，根据学生的学号，将班级名称填入“班级”列，规则为：学号 = 年级 + 班级 + 序号，即“1701012”为“2017 级 + 平面一班 +012 号”。

（6）根据“2017 级平面”工作表，创建一个数据透视表，放置于表名为“班级平均分”的新工作表中，工作表标签颜色设置为红色。要求数据透视表中按照“英语、体育、语文、数学、AI、CAD、计算机基础、PS、美术”的顺序统计各班各科成绩的平均分，其中行标签为班级。

（7）透视表格内容套用带标题行的表格格式，所有列的对齐方式居中，成绩数值保留 1 位小数。

训练时长：30 分钟。

训练建议：教师指导学生分析样例，引导学生独立完成任务。

素材：“考试成绩分析”素材如图 2-4-23 所示。

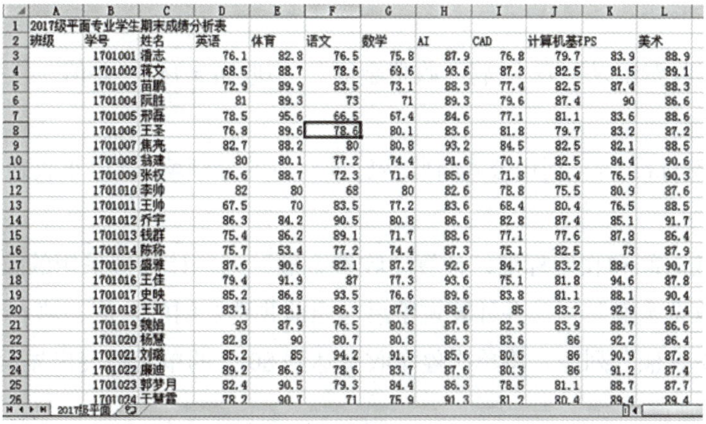

	A	B	C	D	E	F	G	H	I	J	K	L
1	2017级平面专业学生期末成绩分析表											
2	班级	学号	姓名	英语	体育	语文	数学	AI	CAD	计算机基础	PS	美术
3		1701001	潘志	76.1	82.8	76.5	75.8	87.9	76.8	79.7	83.9	88.9
4		1701002	蒋文	68.5	88.7	78.6	69.6	93.6	87.3	82.5	81.5	89.1
5		1701003	苗鹏	72.9	89.9	83.5	73.1	88.3	77.4	82.5	87.4	88.3
6		1701004	阮胜	81	89.3	73	71	89.3	79.6	87.4	90	86.6
7		1701005	邢磊	78.5	95.6	66.5	67.4	84.6	77.1	81.1	83.6	88.6
8		1701006	王圣	76.8	89.6	78.6	80.1	83.6	81.8	79.7	83.2	87.2
9		1701007	焦亮	82.7	88.2	80	80.8	93.2	84.5	82.5	82.1	88.5
10		1701008	翁建	80	80.1	77.2	74.4	91.6	70.1	82.5	84.4	90.6
11		1701009	张权	76.6	88.7	72.3	71.6	85.6	71.8	80.4	76.5	90.3
12		1701010	李帅	82	80	68	80	82.6	78.8	75.5	80.9	87.6
13		1701011	王帅	67.5	70	83.5	77.2	83.6	68.4	80.4	76.5	88.5
14		1701012	乔宇	86.3	84.2	90.5	80.8	86.6	82.8	87.4	85.1	91.7
15		1701013	钱群	75.4	86.2	89.1	71.7	88.6	77.1	77.6	87.8	86.4
16		1701014	陈称	75.7	53.4	77.2	74.4	87.3	75.1	82.5	73	87.9
17		1701015	盛雅	87.6	90.6	82.1	87.2	92.6	84.1	83.2	88.6	90.7
18		1701016	王佳	79.4	91.9	87	77.3	93.6	75.1	81.8	94.6	87.8
19		1701017	史映	85.2	86.8	93.5	76.6	89.6	83.8	81.1	88.1	90.4
20		1701018	王亚	83.1	88.1	86.3	87.2	88.6	85	83.2	92.9	91.4
21		1701019	魏娟	93	87.9	76.5	80.8	87.6	82.3	83.9	88.7	86.6
22		1701020	杨慧	82.8	90	80.7	80.8	86.3	83.6	86	92.2	86.4
23		1701021	刘璐	85.2	85	94.2	91.5	85.6	80.5	86	90.9	87.8
24		1701022	康迪	89.2	86.9	78.6	83.7	87.6	80.3	86	91.2	87.4
25		1701023	郭梦月	82.4	90.5	79.3	84.4	86.3	78.5	81.1	88.7	87.7
26		1701024	于慧雷	78.2	90.7	71	75.9	91.3	81.2	80.4	89.4	89.4

图 2-4-23 “考试成绩分析”素材

效果：数据透视表效果图如图 2-4-24 所示。

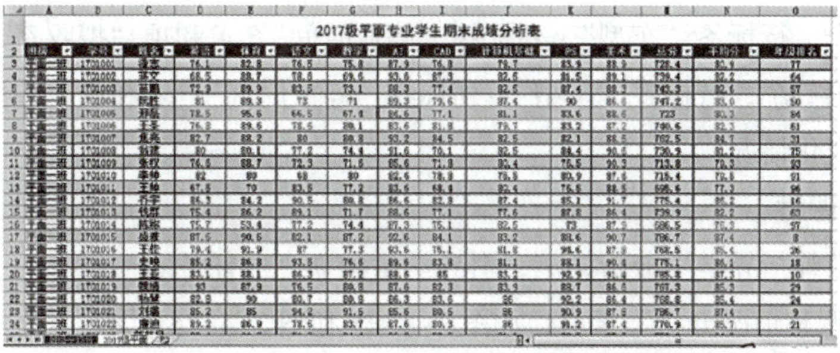

（a）

图 2-4-24 数据透视表效果图

	A	B	C	D	E	F	G	H	I	J
1										
2										
3	行标签	平均值项:英语	平均值项:体育	平均值项:语文	平均值项:数学	平均值项:AI	平均值项:CAD	平均值项:计算机基础	平均值项:PS	平均值项:美术
4	平面二班	83.0	88.6	80.2	80.9	87.9	81.3	81.9	87.4	89.2
5	平面三班	81.1	85.8	80.2	77.9	80.7	81.9	78.8	84.1	89.0
6	平面四班	82.1	84.1	79.2	77.2	81.8	82.4	79.2	86.2	88.8
7	平面一班	80.7	85.9	80.1	78.3	88.2	79.5	82.3	86.1	88.6
8	总计	81.7	86.1	79.9	78.6	84.7	81.3	80.6	85.9	88.9

（b）

图 2-4-24　数据透视表效果图（续）

5. 停车场收费调整情况分析

某停车场为了迎接新年，让利消费者，调整收费标准，拟将"不足 20 分钟按 20 分钟收费"改为"不足 20 分钟部分不收费"的收费政策。公司抽取了 2 月 14 日至 2 月 20 日的停车收费记录，进行数据分析，以便掌握政策调整后营业额的变化情况。请你帮助分析员小张完成这个任务。

训练目的： 使学生学会在同一工作表内按照不同类别设置多个数据透视表。

训练要求：

（1）打开素材文件"政策调整情况分析（素材）.xlsx"，将文件另存为"政策调整情况分析.xlsx"。

（2）在"停车收费记录"表中，将"收费金额""拟收费金额""差值"三列设置为数值型，保留 2 位小数。

（3）依据"收费标准"表，利用公式将收费标准对应的金额填入"停车收费记录"表中的"收费标准"列。

（4）依据停放时间和收费标准，计算"收费金额"列，计算拟采用的收费政策的预计收费金额填入"拟收费金额"列，并计算调整后与当前收费之间的差值，填入"差值"列。

（5）在"收费金额"列中，将单次停车收费达到 80 元的单元格突出显示为黄底红字的货币类型。

（6）新建"数据透视分析"表，表内创建三个数据透视表，起始位置分别为 A1、A11、A21 单元格。第一个，行标签"车型"，列标签"停放时间"，求和项"收费金额"，提供当天收费情况；第二个，行标签"车型"，列标签"停放时间"，求和项"拟收费金额"，提供调整后的收费情况；第三个，行标签"车型"，列标签"停放时间"，求和项"差值"，提供政策调整后每天的收费变化情况。

训练时长： 1 课时。

训练建议： 教师指导学生分析样例，引导学生独立完成任务。

素材： "政策调整情况分析"素材，如图 2-4-25 和图 2-4-26 所示。

图 2-4-25 政策调整情况分析

图 2-4-26 收费标准

效果： 数据透视分析表，如图 2-4-27 所示。

（a）

（b）

图 2-4-27 数据透视分析表

2.4.5 学习反馈

	知识要点		掌握程度*
知识获取	熟练掌握基本数据格式修改		
	学会使用数据透视表分类别进行统计		
	熟练掌握数据透视表和透视图的制作		
	实训案例	技能目标	掌握程度*
技能掌握	任务1：学生成绩分析	学会数据透视表的Σ值的多次使用及顺序调整	
	任务2：专业调查分析	学会数据透视表条件筛选	
	任务3：销售情况分析	学会杂乱数据的整理，在数据透视表中设置筛选报表字段	
	任务4：期末成绩分析	学会设置表格标签颜色、对数据透视表按照顺序进行设置	
	任务5：停车场收费调整情况分析	使学生学会在同一工作表内按照不同类别设置多个数据透视表	
学习笔记			

*知识掌握程度满分为5分，学生可根据训练情况自行评价。

2.5 模拟分析与运算——银行还贷款

小赵是一个刚踏入社会的学生,他想自己创业,由于没有启动基金,他计划从银行贷款30万元,现在请你利用 Excel 的模拟运算表帮助小赵计算一下不同还款年限情况下的月还款金额。其效果图 2-5-1 所示。

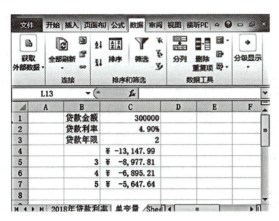

图 2-5-1　效果图

2.5.1 模拟运算表的概念

模拟运算表就是将工作表中的一个单元格区域的数据进行模拟计算,测试使用一个或两个变量对运算结果的影响。在 Excel 中,可以构造两种模拟运算表:单变量模拟运算表和双变量模拟运算表。

(1)单变量模拟运算表。单变量模拟运算表就是基于一个输入变量,用它来测试对公式计算结果的影响。

(2)双变量模拟运算表。双变量模拟运算表就是考虑两个变量的变化对公式计算结果的影响,在财务管理中应用最多的是长期借款双变量分析模型。

2.5.2 使用"模拟运算表"计算不同还款年限的月还款金额

小赵向银行进行商业贷款 30 万元,期限 2~5 年,则可以使用"模拟运算表"工具来测试不同的还款年限对月还款额的影响。

【Step01】输入基本数据

在 B2:C3 单元格区域输入贷款金额及贷款利率值,B3 单元格中输入贷款年限,C3 单元格中设置预设年限值 2,B5:B8 中输入不同的贷款年限值,如图 2-5-2 所示。

	A	B	C	D
1		贷款金额	300000	
2		贷款利率	4.90%	
3		贷款年限	2	
4				
5		2		
6		3		
7		4		
8		5		

图 2-5-2　基本数据

【Step02】利用 PMT 函数计算假设 2 年期限月还款金额

根据题目要求，在 C4 单元格中输入年金函数 PMT，函数参数如图 2-5-3 所示。

图 2-5-3　PMT 函数参数

单击"确定"按钮，结果如图 2-3-4 所示。

	A	B	C	D
1		贷款金额	300000	
2		贷款利率	4.90%	
3		贷款年限	2	
4			¥-13,147.99	
5		2		
6		3		
7		4		
8		5		

图 2-5-4　贷款 2 年月还款金额

技巧点拨：

PMT（Rate, Nper, Pv, [Fv], [Type]）函数计算在固定利率下，贷款的等额分期偿还额。

Rate，各期利率；

Nper，总投资期或贷款期，即该项投资或贷款的付款期总数；

Pv，从该项投资（或贷款）开始计算时已经入账的款项，或一系列未来付款当前值的累积和；

Fv，可选项；

Type，可选项。

【Step03】利用模拟运算表计算不同还款期限的月还款金额

选择 B4：C8 单元格区域，单击"数据"选项卡"数据工具"组中的"模拟分析"列表中的"模拟运算表"，如图 2-5-5 所示。

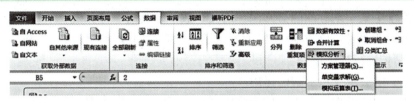

图 2-5-5　打开模拟运算表

弹出"模拟运算表"对话框，将"输入引用列的单元格"设置为"$B$4"，如图 2-5-6 所示。

图 2-5-6　模拟运算表对话框

单击"确定"按钮，通过 Excel 模拟运算表制作的贷款利率计算就完成了，效果如图 2-5-7 所示。

图 2-5-7　计算结果

2.5.3　拓展训练

知识拓展

（1）单变量模拟运算表。
（2）双变量模拟运算表。

（3）单变量求解。

随堂练习

1. 学生成绩预测——单变量求解

假设某校学生某学期有四门必修课：语文、数学、英语、计算机，学校规定"成绩优秀"评选资格为各门功课平均成绩90分以上，现已经考完三门课，成绩已知，某学生想争评"成绩优秀"，请帮忙进行成绩预测。

训练目的：学会单变量求解的运用。

训练要求：用"模拟运算表"分析该生最后一门课至少应考多少分。

训练时长：10分钟。

训练建议：教师指导学生分析样例，引导学生独立完成任务。

素材：学生各科成绩如图2-5-8所示。

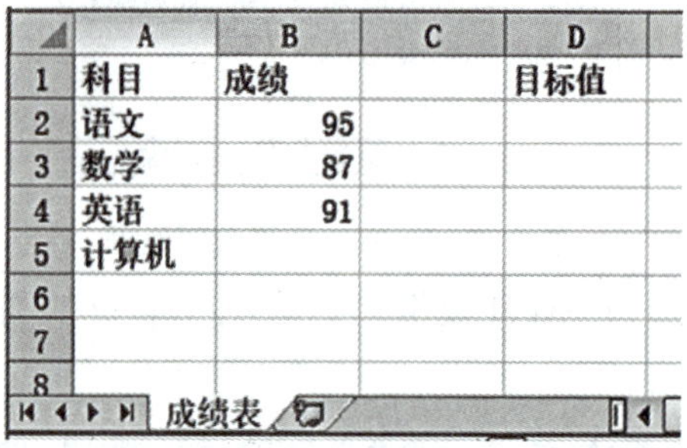

图2-5-8　学生各科成绩

如图2-5-7所示，B5为待定计算机成绩。

操作提示：

（1）在D2单元格中输入公式：=average（B2：B5），Excel的单变量求解功能可以根据设定的目标值进行求解，并将解填入可变单元格B5。

（2）单击"数据"选项卡"数据工具"组的"模拟分析"列表中的"单变量求解"，参数设置如图2-5-9所示。

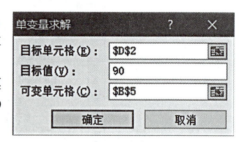

图2-5-9　单变量求解

（3）在"单变量求解"对话框中单击"确定"按钮，即求得B5单元格预测最小值。

效果：完成效果图如图2-5-10所示。

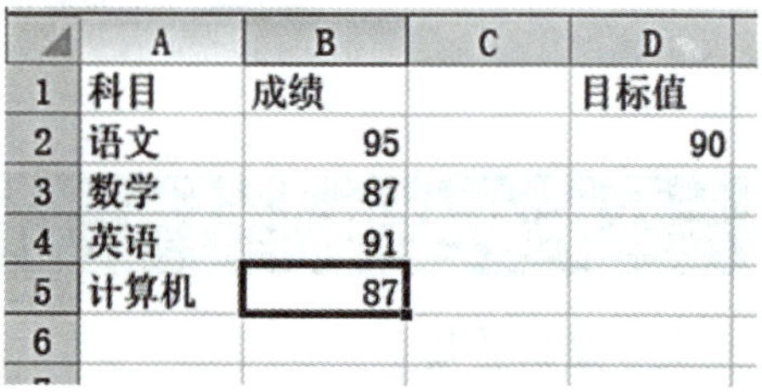

图2-5-10　效果图

2. 计算贷款金额——单变量求解

某企业拟向银行以7%的年利率借入期限为5年的长期借款，企业每年的偿还能力为100万元，那么企业最多总共可贷款多少？

训练目的：学会利用PMT函数和"单变量求解"分析贷款金额。

训练要求： 用"单变量求解"计算出企业最多可贷款金额。
训练时长： 20 分钟。
训练建议： 教师指导学生分析样例，引导学生独立完成任务。
素材（图2-5-11）：

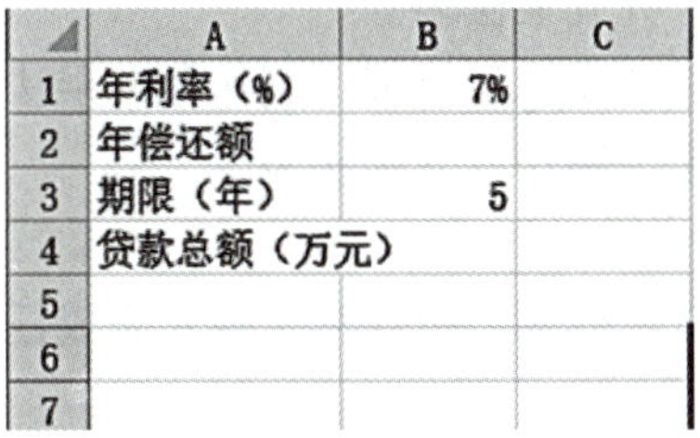

图 2-5-11　素材

操作提示：

（1）在单元格 B2 中输入公式"=PMT（B1，B3，B4)"，如图 2-5-12 所示。

（2）单击"数据"选项卡，选择"数据工具"组"模拟分析"列表中的"单变量求解"命令项，弹出"单变量求解"对话框，在"目标单元格"中输入"B2"，在"目标值"中输入"100"，在"可变单元格"中输入"$B$4"，如图 2-5-13 所示。

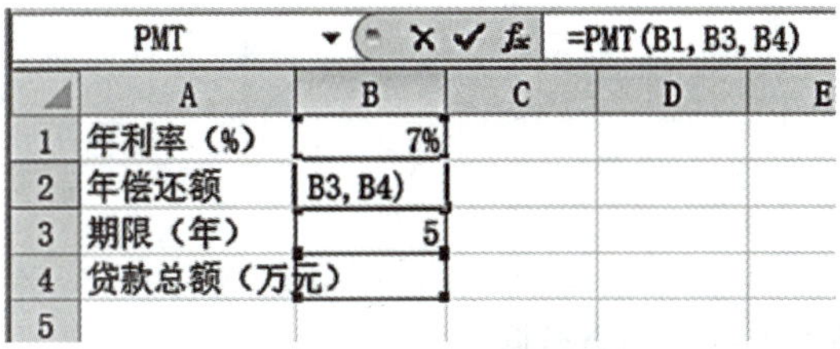

图 2-5-12　单变量求解　　　　　图 2-5-13　可变单元格

（3）在对话框中单击"确定"按钮，则系统立即计算出结果，即企业最多总共可贷款 410.02 万元，如图 2-5-14 所示。

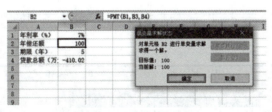

图 2-5-14　单变量求解状态

效果： 最终效果如图 2-5-15 所示。

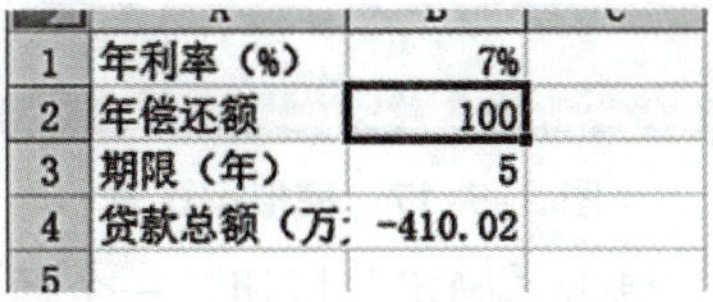

图 2-5-15　最终效果图

3. 九九乘法表制作——双变量模拟运算表

乘法口诀是中国古代筹算中进行乘法、除法、开方等运算的基本计算规则，沿用至今已有两千多年。古时的乘法口诀，是自上而下，从“九九八十一”开始，至“一一如一”止，与现在使用的顺序相反，因此，古人用乘法口诀开始的两个字“九九”作为此口诀的名称，又称九九表、九九歌、九因歌、九九乘法表。

训练目的：学会利用双变量“模拟运算表”制作九九乘法表。

训练要求：用“模拟运算表”制作九九乘法表。

训练时长：20 分钟。

训练建议：教师指导学生分析样例，引导学生独立完成任务。

操作提示：

（1）先随意在 A1、A2 单元格输入两个数字，在 A4 单元格输入公式：=A1*A2，B4：J4 输入 1~9，A5：A13 输入 1~9，如图 2–5–16 所示。

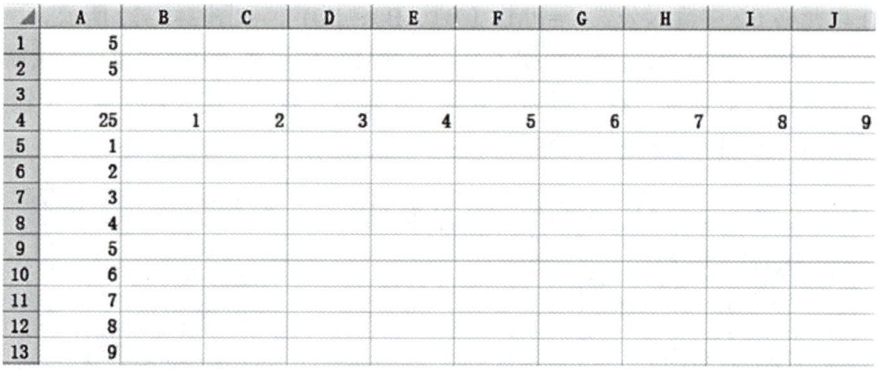

	A	B	C	D	E	F	G	H	I	J
1	5									
2	5									
3										
4	25	1	2	3	4	5	6	7	8	9
5	1									
6	2									
7	3									
8	4									
9	5									
10	6									
11	7									
12	8									
13	9									

图 2–5–16　输入数据

（2）选择 A4:J13 单元格，选择“数据”选项卡“数据工具”组的“模拟分析”列表“模拟运算表”中的命令，在弹出的“模拟运算表”对话框中，在“输入引用行的单元格”中选择“$A$1”，在“输入引用列的单元格”中选择“$A$2”，如图 2–5–17 所示。

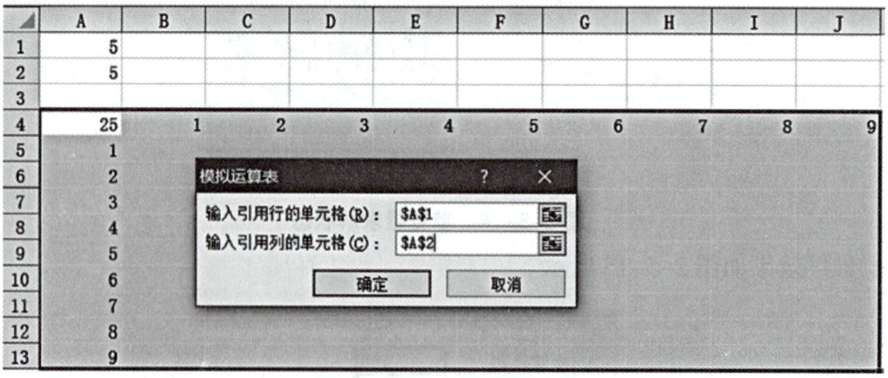

图 2–5–17　模拟运算表

（3）在图 2–5–15 对话框中，单击“确定”按钮，一个通过 Excel 模拟运算表制作的九九乘法表就做好了。

效果： 最终效果如图 2-5-18 所示。

	A	B	C	D	E	F	G	H	I	J
1	5									
2	5									
3										
4	25	1	2	3	4	5	6	7	8	9
5	1	1	2	3	4	5	6	7	8	9
6	2	2	4	6	8	10	12	14	16	18
7	3	3	6	9	12	15	18	21	24	27
8	4	4	8	12	16	20	24	28	32	36
9	5	5	10	15	20	25	30	35	40	45
10	6	6	12	18	24	30	36	42	48	54
11	7	7	14	21	28	35	42	49	56	63
12	8	8	16	24	32	40	48	56	64	72
13	9	9	18	27	36	45	54	63	72	81

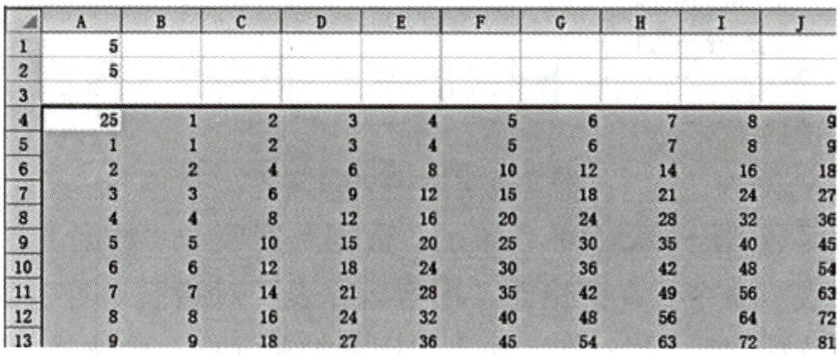

图 2-5-18　最终效果图

4. 鸡兔同笼求解——双变量模拟运算表

鸡兔同笼是中国古代著名趣题之一。大约在 1 500 年前，《孙子算经》中就记载了鸡兔同笼这个有趣的问题。

训练目的： 学会用双变量"模拟运算表"进行鸡兔同笼求解。

训练要求： 鸡兔共有 35 只，关在同一笼子里，笼中共有 100 只脚，试计算笼中有鸡多少只，兔子多少只？

训练时长： 20 分钟。

训练建议： 教师指导学生分析样例，引导学生独立完成任务。

操作提示：

（1）首先按图 2-5-19 所示输入数据，E4：AM4 单元格值（1~35）为兔子可能的只数。因为总头数为 35，所以兔子的只数最少为 1 只，最多为 35 只。同理，D5：D39 单元格值为鸡可能的只数。

图 2-5-19　输入数据

（2）在 D4 单元格中输入公式：

如图 2-5-20 所示，输入公式 1：=IF((A4+B4=A2)*(A4*4+B4*2=B2), A4, "")，结果将显示兔子的只数。

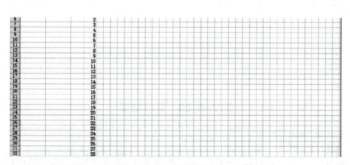

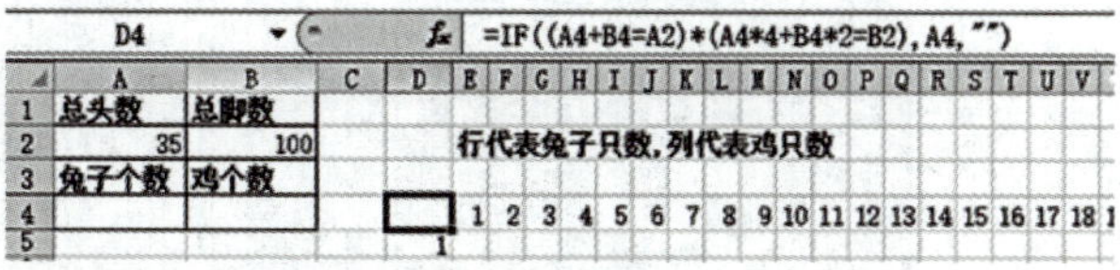

图 2-5-20　输入公式 1

如图 2-5-21 所示，输入公式 2：=IF((A4+B4=A2)*(A4*4+B4*2=B2), B4, "")，结果将显示鸡的只数。

图 2-5-21　输入公式 2

（3）选择单元格区域"E5：AM39"，单击"数据"选项卡"数据工具"组的"模拟分析"列表中的"模拟运算表"命令，在弹出的"模拟运算表"对话框（图 2-5-22）中，在"输入引用行的单元格"中选择"$A$4"，在"输入引用列的单元格"中选择"$B$4"。

图 2-5-22　"模拟运算表"对话框

（4）在图 2-5-22 对话框中单击"确定"按钮，即可求得解，如图 2-5-23 和图 2-5-24 所示。

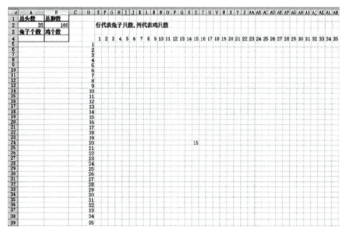

图 2-5-23　最终结果

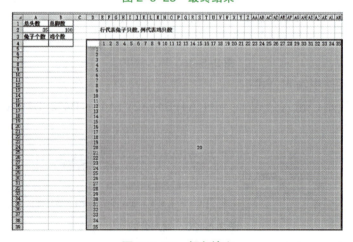

图 2-5-24　颜色填充

（5）如果使用公式 1，则可在 A4 单元格中直接输入兔子的只数；在 B4 单元格中输入公式：=A2-A4，即可填入鸡的只数。同理，如果使用公式 2，则可在 B4 单元格中直接输入鸡的只数；在 A4 单元格中输入公式：=A2-B4，即可填入兔子的只数。

效果： 使用公式 1 的计算结果如图 2-5-25 所示。

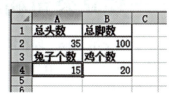

图 2-5-25　计算结果

2.5.4　学习反馈

	知识要点		掌握程度 *
知识获取	学会"模拟运算表"的运用		
	学会"单变量求解"的运用		
	了解 PMT 函数的使用		
	实训案例	技能目标	掌握程度 *
技能掌握	任务 1：学生成绩预测	学会"单变量求解"的运用	
	任务 2：计算贷款金额	熟悉"单变量求解"的运用	
	任务 3：九九乘法表制作	学会双变量"模拟运算表"的运用	
	任务 4：鸡兔同笼求解	熟悉双变量"模拟运算表"的运用	
学习笔记			

*知识掌握程度满分为 5 分，学生可根据训练情况自行评价。

2.6 图表操作——建立公司利润表

月底金新一佳超市需计算本月的利润交给老板，现在需制作利润表，为使数据的变化趋势或结构组成一目了然，需在利润表中插入图表，请利用 Excel 中图表的创建、编辑等功能进行公司利润表的制作。效果如图 2-6-1 所示。

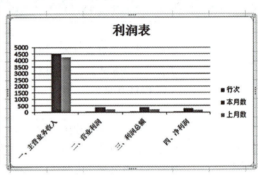

（a） （b）

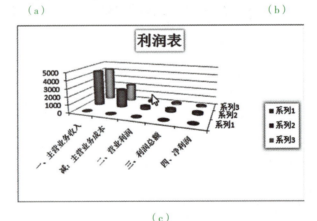

（c）

图 2-6-1 效果图

2.6.1 数据录入与公式计算

【Step01】数据录入

（1）打开 Excel 程序，新建一个工作簿，保存名为"利润表"，如图 2-6-2 所示。
（2）利用前面学到的知识录入表格内容，如图 2-6-3 所示。

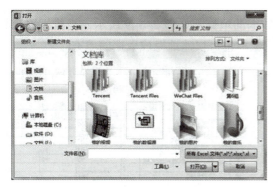

图 2-6-2　打开文件　　　　　　　　图 2-6-3　数据录入

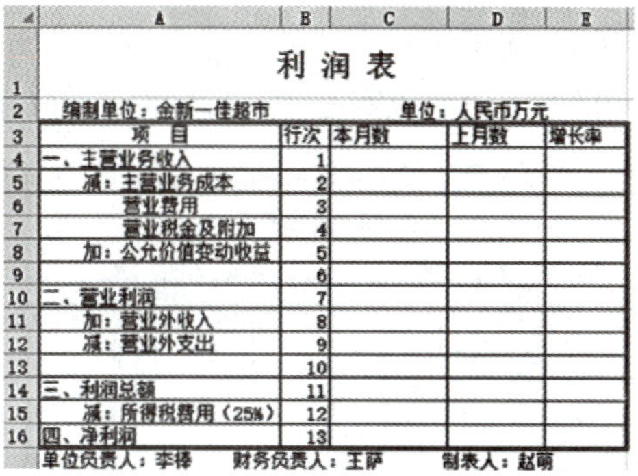

【Step02】公式计算

（1）将鼠标移到 C10 单元格，输入"="，根据项目内容将鼠标移到 C4 单元格并单击，输入"-"，单击 C5 单元格，输入"-"，单击 C7 单元格，输入"+"，单击 C8 单元格，完成公式输入，然后按回车键即可得到营业利润的数据，如图 2-6-4 所示。也可直接在 C10 单元格内根据项目内容输入"=C4-C5-C6-C7+C8"。用同样的方法可以计算出利润总额、所得税费用、净利润各项数据，如图 2-6-5~ 图 2-6-7 所示。

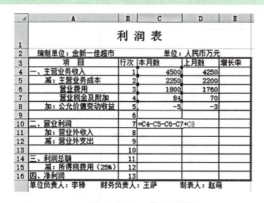

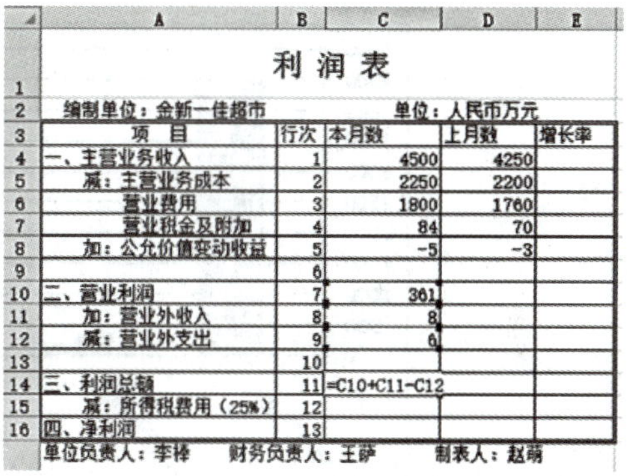

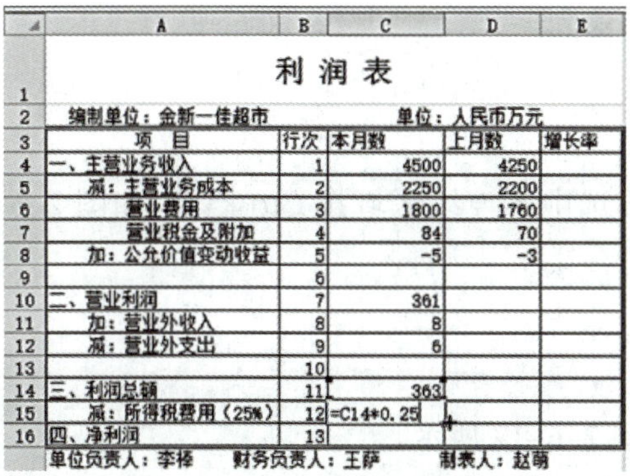

图 2-6-4　营业利润　　　　　　　　图 2-6-5　利润总额

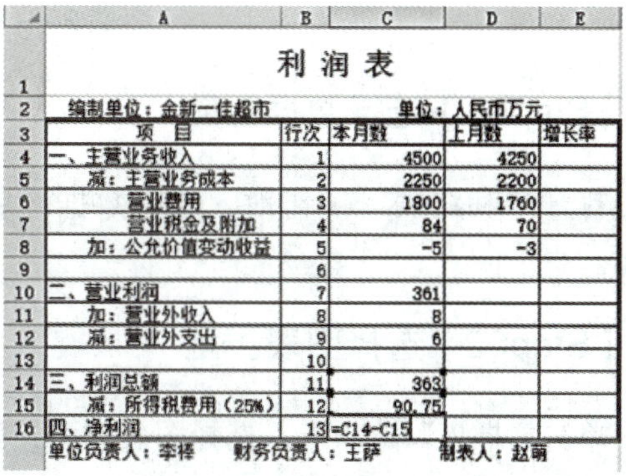

图 2-6-6　所得税费用　　　　　　　图 2-6-7　净利润

（2）用同样的方法，将表中上月数和增长率录入完成，如图 2-6-8 所示。

（3）除了用此方法外，还可以拖动实现数据的填充，如图 2-6-9 所示。当鼠标移动到单元格右下角变成实心十字形状时，向右拖动鼠标也可快速地完成数据的填充。

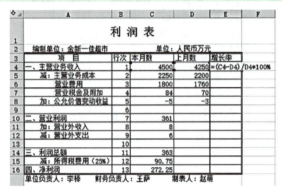

图 2-6-8　主营业务收入　　　　　　图 2-6-9　数据填充

2.6.2　创建图表

结合上节表格输入的数据，分项目比较行次、本月和上月的数目，制作图表，效果如图 2-6-10 所示。

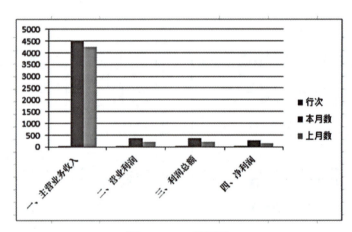

图 2-6-10　效果图

【Step01】选择数据区域

打开"利润表"工作簿，选中数据区域（选中不连续区域按 Ctrl 键）。如图 2-6-11 所示。

【Step02】选择图表类型

单击"插入"选项卡，选择图表类型，如图 2-6-12 所示。

2 Excel 电子表格处理

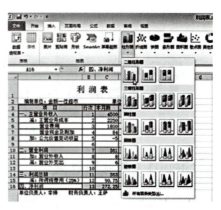

图 2-6-11 选择数据区　　　　　图 2-6-12 选择图表类型

【Step03】生成图表

确认生成图表，如图 2-6-13 所示。

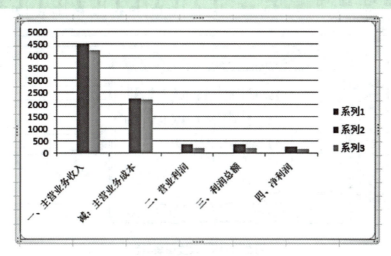

图 2-6-13 生成图表

2.6.3 编辑图表

对生成的图表进行编辑、美化，最后生成效果图，如图 2-6-14 所示。

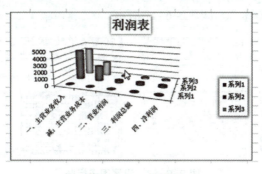

图 2-6-14 效果图

143

图表建立好后,可以通过"图表工具"进行修改、编辑,实现图2-6-14所示效果。"图表工具"栏中可分为"设计""布局""格式"三个选项卡,如图2-6-15所示。

图 2-6-15　图表工具选项卡

【Step01】改变图表类型

选择"图表工具"栏中的"布局",可以实现的操作有:类型、数据、图表布局、图表样式、位置,实现此例效果的操作方法是选中原图表,单击鼠标右键,打开"图表工具",选择"设计",选择图表类型为"三维圆柱图",如图2-6-16所示。

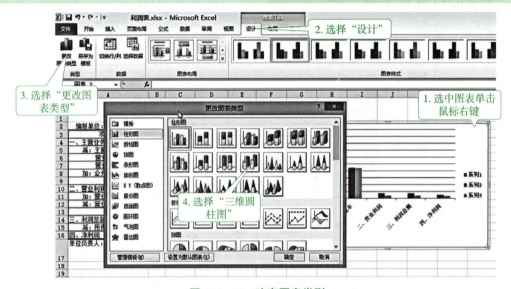

图 2-6-16　改变图表类型

【Step02】设置图表标题

选择"图表工具"栏中的"布局",可以实现的操作有:当前所选内容、标签、插入、坐标轴、背景、分析、属性。实现图中效果的操作方法是,选择标签栏中的图表标题,双击图表标题,输入"利润表",如图2-6-17所示。

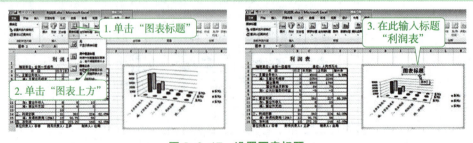

图 2-6-17　设置图表标题

【Step03】设置图表样式格式

（1）选择"图表工具"栏中的"格式"，可以实现的操作有：当前所选内容、形状样式、艺术字样式、排列、大小。实现图中效果的操作方法是，先选中需要设置格式的内容、图表区，然后进行各项操作，如图2-6-18和图2-6-19所示。

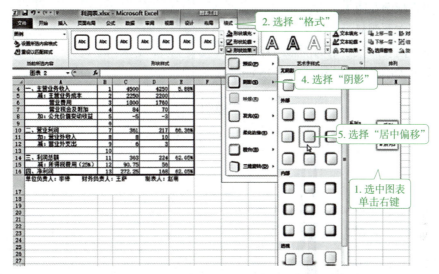

图 2-6-18　设置图表样式格式

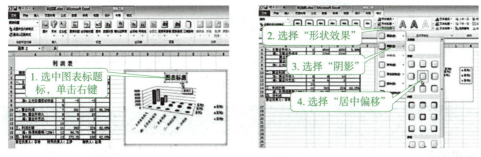

图 2-6-19　设置标题样式

（2）最终效果如图2-6-20所示。

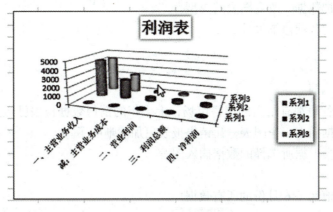

图 2-6-20　最终效果图

【Step04】更改图表样式格式

要求（图 2-6-21）：
（1）图表类型为簇状圆锥图。
（2）图表布局为布局 1。
（3）图表标题在图表上方。
（4）图例在左侧显示。
（5）设置图表形状效果为阴影内部上方。
（6）图表大小高为 10 cm，宽为 15 cm。

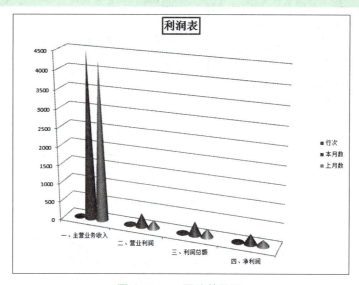

图 2-6-21　更改效果图

2.6.4　拓展训练

知识拓展

（1）根据所选择的数据插入图表。
（2）图表中添加数据，改变图表的类型。
（3）学会图表的各项修饰设计。

随堂练习

1. 制作销售数据表

　　A 公司在全国各地都有很大的销售市场，上半年的销售数据报表已经上传至总公司，请你现在根据销售数据插入一个图表，让销售报表更加清晰明了。

训练目的： 学会根据所选择的数据插入图表。

训练要求：

（1）选中各个地区 1~6 月份的所有数据。
（2）插入图表。

（3）图表类型为簇状柱形图。
（4）调整图表合适的大小到合适的位置。

训练时长： 20 分钟。

训练建议： 教师指导学生分析样例，引导学生独立完成任务。

素材： 销售数据如图 2-6-22 所示。

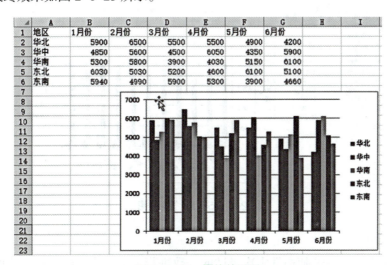

图 2-6-22　销售数据

效果： 最终效果如图 2-6-23 所示。

图 2-6-23　最终效果图

2. 工资表的制作

员工工资表已经制作完成，由于效益好，公司现根据员工的贡献大小分配了不同的奖金，请在制好的原工资表的基础上再添加上"奖金"这一项。

训练目的： 在图表中添加数据，改变图表的类型。

训练要求：

（1）打开素材文件，在 C 列插入奖金一列数据，按 Ctrl+S 快捷键保存文件。

（2）选中图表，单击右键，选择"更改系列图表类型"，选择"簇状圆柱图"类型。

（3）选中图表，单击右键，选择"选择数据源→添加"，将后发放的奖金添加到图表中。

训练时长： 20 分钟。

训练建议： 教师指导学生分析样例，引导学生独立完成任务。

素材： 素材如图 2-6-24 所示。

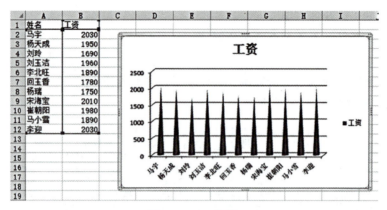

图 2-6-24　素材

效果： 最终效果如图 2-6-25 所示。

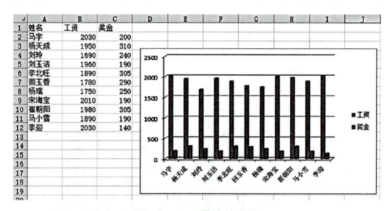

图 2-6-25　最终效果图

3. 成绩表分析

期中考试过去了，王老师根据本次考试的分数进行了全班成绩的分析，请根据提供的素材数据，按最终效果图插入图表。

训练目的： 学会图表的各项修饰设计。

训练要求：

（1）打开素材文件，选中所给素材数据，插入图表。

（2）按照效果图中的样子插入图表。

（3）调整图表到合适的位置。

训练时长： 1 课时。

训练建议： 教师指导学生分析样例，引导学生独立完成任务。

素材： 素材数据如图 2-6-26 所示。

效果： 最终效果如图 2-6-27 所示。

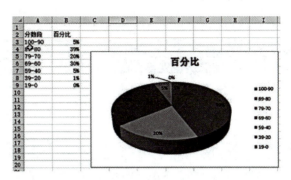

图 2-6-26　素材数据　　　　　图 2-6-27　最终效果图

2.6.5　学习反馈

	知识要点	掌握程度 *
知识获取	掌握根据所选择的数据插入图表	
	学会在图表中添加数据，改变图表的类型	
	熟练掌握图表的各项修饰设计	

	实训案例	技能目标	掌握程度 *
技能掌握	任务1：制作销售数据表	根据所选择的数据插入图表	
	任务2：工资表的制作	学会在图表中添加数据，改变图表的类型	
	任务3：成绩表分析	掌握图表的各项修饰设计	
学习笔记			

* 知识掌握程度满分为 5 分，学生可根据训练情况自行评价。

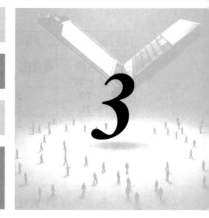

PowerPoint 演示文稿制作

■ 幻灯片母版制作——自我介绍

■ 插入相册——制作电子相册

■ 动作按钮、幻灯片链接——互动选择题

■ 动画效果、幻灯片切换效果——环保公益宣传片

■ 幻灯片放映设置与演示文稿打包——学校宣传片

3 PowerPoint 演示文稿制作

3.1 幻灯片母版制作——自我介绍

某校办公专业学生毕业在即，为了能给学生提供更多的就业机会，校方临时决定，在毕业生双选会上学生可以向前来参会的各企业领导介绍自己。由于毕业生人数众多，只留给每个同学 5 分钟左右的时间进行自我展示。有的学生采取演讲的方式，有的学生印发了个人简历或名片。

时间有限，为了能够在短时间内更好地表现自己，展示出自己最优异的才能，并给各企业领导留下深刻的印象，学生张某某决定制作一个自我介绍的演示文稿。在整理好自己所需资料后，她利用自己所学的"幻灯片母版"的功能快速地制作了一个风格统一、条理清楚、图文并茂的演示文稿，在毕业生双选会上给各级领导留下了深刻的印象。其作品最终效果如图 3-1-1 所示。

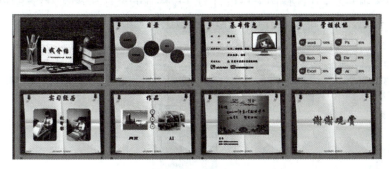

图 3-1-1 作品效果图

3.1.1 幻灯片输入提示

【Step01】新建演示文稿并保存

创建新的演示文稿，并保存在某一位置，命名。

【Step02】创建幻灯片并准备编辑内容

在"自我介绍"演示文稿中新建 8 张幻灯片，标题和版式分别设置为：第一张"自我介绍"，"标题幻灯片"；第二张"目录"，"标题和内容"；第三张"基本信息"，"仅标题"；第四张"掌握技能"，"仅标题"；第五张"实习经历"，"仅标题"；第六张"作品"，"两栏内容"；第七张"荣誉"，"图片与标题"；第八张"谢谢观赏"，"空白"。

【Step03】根据所给出的素材文件，将内容插入相应位置

根据所给出的素材文件，将内容插入相应位置，如图 3-1-2 所示。

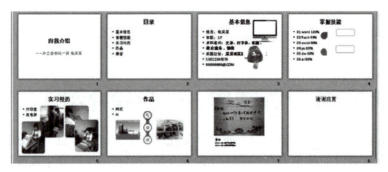

图 3-1-2　幻灯片输入提示

3.1.2　利用母版功能快速设置文字格式

【Step01】进入幻灯片母版设置

在"视图"选项卡中,单击"母版视图"组中的"幻灯片母版"按钮(图3-1-3),进入幻灯片母版编辑状态,在此视图下可进行幻灯片样式的设计和修改,设计结束后单击"关闭母版视图"按钮,设计的幻灯片母版样式即应用在一组或者所有幻灯片中。

图 3-1-3　进入幻灯片母版设置

【Step02】设置文字格式

在第一张幻灯片母版中,选中"单击此处编辑母版标题样式"或单击标题占位符,设置"字体"为华文行楷,60号,深红;选中"单击此处编辑母版文本样式"一级内容,设置"字体"为隶书,40号,黑色。设置完成后,会发现左侧大纲视图中的幻灯片母版对应的内容格式变为设置后的格式。幻灯片设置效果如图3-1-4所示。

图 3-1-4　幻灯片输入提示

3　PowerPoint 演示文稿制作

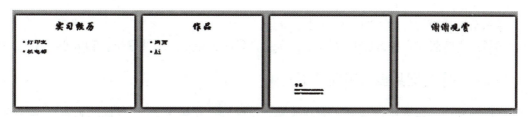

图 3-1-4　幻灯片输入提示（续）

技巧点拨：

设置母版能够提高工作效率，这是因为无须逐个给每张幻灯片插入背景或版式，可达到事半功倍的效果，同时也便于今后的修改。需要注意的是，对某一类型的幻灯片进行设置，只对演示文稿中使用该版式的幻灯片起作用。

3.1.3　在母版中插入图片作为幻灯片的背景

【Step01】设置背景填充纹理

任意选中一张幻灯片空白处，右击弹出快捷菜单，选中"设置背景格式"。填充幻灯片背景为纹理：深色木质，全部应用。设置背景模式，如图 3-1-5 所示。

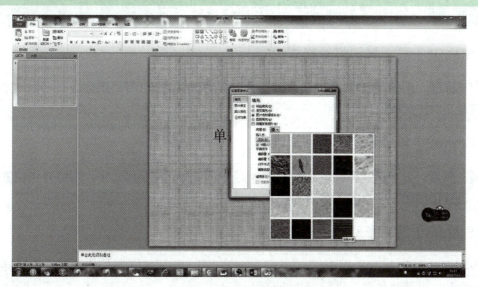

图 3-1-5　设置背景格式

【Step02】在母版中插入图片

在"视图"选项卡中，单击"母版视图"组中的"幻灯片母版"按钮，进入幻灯片母版编辑状态。

插入背景图片设置如下：

标题幻灯片版式：插入图片"图片 1.png"。
标题和内容版式：插入图片"图片 2.png""图片 3.png"，调整好位置和大小。

【Step03】将图片插入不同的版式中

将标题和内容版式中设置好的图片复制、粘贴到"比较版式""仅标题版式""空白版式""图片与标题版式"等本例中使用到的版式。

设计结束后，单击"关闭母版视图"按钮。效果如图 3-1-6 所示。

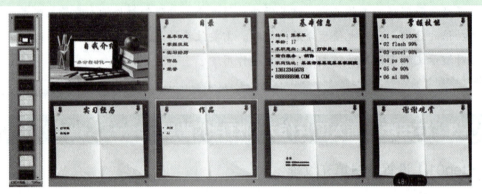

图 3-1-6　添加幻灯片背景

3.1.4　调整每张幻灯片中对象的位置及格式

【Step01】第一张幻灯片格式设置

调整标题、副标题区域微倾斜，标题文字为华文楷体，60 号；副标题文字为隶书，16 号。拖动至对应区域内。

【Step02】第二张幻灯片格式设置

插入圆形，设置快速样式。复制四个，更改图形大小并添加文字，按照样例位置进行摆放。设置添加的文字为宋体，18 号，加阴影。

【Step03】第三张幻灯片格式设置

内容部分文字为"华文楷体"，20 号，2 倍行距，除标签文字外均加粗，按照样例插入对应图片，并调整位置，进行图片的裁切。

【Step04】第四张幻灯片格式设置

插入对应图片"小图 1.png""小图 2.png"，插入圆角矩形，选择对应的形状样式，去掉填充色，添加文字"Word"，设置文字格式：Arial，深红色，32 号；插入文本框，输入编号"01"，设置文字格式：Arial，白色，24 号；插入文本框，输入文字"100%"，文字格式：Arial，深红色，32 号。按照样例制作其他 5 项，并调整到对应的位置。

【Step05】第五张幻灯片格式设置

插入对应的图片"01.jpg""02.jpg""03.jpg""04.jpg",并插入竖排文本框,添加文字。设置相关动画。

【Step06】第六张幻灯片格式设置

插入对应的图片"05.jpg""0.6jpg"和文字,设置相关动画。

【Step07】第七张幻灯片格式设置

插入对应的图片"奖状1.jpg""奖状2.jpg",设置相关动画。

【Step08】第八张幻灯片格式设置

设置文字格式:96号,绘图工具中艺术字样式:"渐变填充–橙色,强调文字颜色6,内部阴影"。

最终效果如图3-1-7所示。

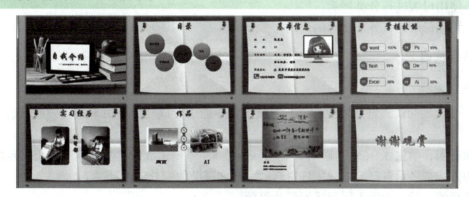

图3-1-7 每张幻灯片中对象的位置及格式

3.1.5 在每张幻灯片中插入日期、幻灯片编号及页脚处显示人生格言

选中任意一张幻灯片,在"插入"选项卡中,单击"文本"组中的"页眉和页脚"按钮,弹出"页眉页脚"对话框,如图3-1-8所示。

(1)勾选"日期和时间",并设置自动更新。

(2)勾选"幻灯片编号"。

(3)勾选"页脚",并添加内容"没有斗狼的勇气,就不要牧羊!"。

(4)勾选"标题幻灯片中不显示"。

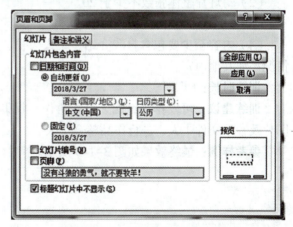

图3-1-8 "页眉页脚"对话框

> **技巧点拨**：
>
> 为提高工作效率，可使用 PowerPoint 2010 中提供的默认主题，快速美化幻灯片显示效果。其方法如下：打开演示文稿，选中"设计"选项卡，选择"主题"中的"其他"按钮，在弹出的下拉列表中选择所需的主题，则将所选主题应用到所有幻灯片中。若只对单张幻灯片或选定的幻灯片设置主题，右击选择的主题，在快捷菜单中选择"应用于选定幻灯片"命令即可；若选择"应用于所有幻灯片"，则该主题将被应用于所有幻灯片。

3.1.6 拓展训练

 知识拓展

（1）给不同版式母版设置不同格式。
（2）幻灯片主题的使用。
（3）使用母版进行分类展示。
（4）使用母版进行外部文件的调用。

 随堂练习

1. 毕业展示

还有一个星期就要进行毕业汇演了，班里将毕业生分成几个小组来进行毕业双选会汇报演出。

时间有限，学生张××、赵××、马××、周××组成的"梦之翼"小组决定使用演示文稿的方式来展示自己。在搜集好资料后，请你帮助他们分工设计一下。

训练目的：学会设置不同版式幻灯片母版。

训练要求：

（1）使用演示文稿中的"幻灯片母版"功能来实现整体风格的统一。
（2）幻灯片整体张数不少于 20。
（3）以小组为单位进行整体设计，但是也要突出个人。
（4）内容至少要包含自我介绍、个人荣誉、所学知识技能、作品展示几大部分，可根据情况添加其他内容。

训练时长：1 课时。

训练建议：可安排小组四人分工协作，收集学生资料 1 人、设计幻灯片母版 1 人、搜集图片及音乐文件 1 人、进行作品整合 1 人。

参考样例：最终效果如图 3-1-9 所示。

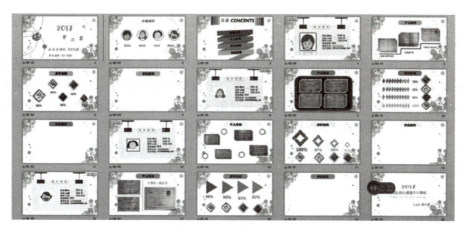

图 3-1-9 最终效果图

2. 面试考题

小张是导游专业刚毕业的大学生,他想参加一个旅游公司的面试,面试官给出的题目是请他介绍有关河北省的一些旅游景区,准备时间是半个小时。

时间太紧了,为了更好地展示自己的专业才能,并给面试官留下一个深刻印象,小张决定用电脑制作一个演示文稿。为使自己的幻灯片风格统一,他使用了"幻灯片母版"中自带的主题效果,并添加图片及部分文字说明。请你帮他设计一下。

训练目的: 学会用主题母版设置统一对象。

训练要求:

(1) 使用母版制作。

(2) 美观大方,安排合理。

(3) 使用所给素材。

(4) 不得少于 10 张幻灯片。

(5) 风格统一,简单大方。

训练时长: 1 课时。

训练建议: 教师指导学生分析样例,引导学生独立完成任务。

参考样例: 最终效果如图 3-1-10 所示。

图 3-1-10 最终效果图

3. 数学课件制作

小张是师范类院校数学系刚毕业的大学生,他参加了教师资格证的考试,笔试已经通过,现在进入面试阶段。面试是需要试讲一节课的，面试老师给出的题目是请他讲解数字1~5的认识这部分内容，准备时间是20分钟。

时间太紧了，为了辅助教学，小张决定用电脑制作一个简单的演示文稿，为使自己的幻灯片看起来美观，他不但使用了"幻灯片母版"中自带的主题效果，还针对不同的教学内容制作了不同的"幻灯片母版"，同时对一部分对象还添加了动画效果，以便突出教学重点，并将教学内容分类展示。请你帮他设计一下，以便更好地达到效果。

训练目的：学会使用母版进行分类展示、对文字材料信息进行提取。

训练要求：

（1）使用母版制作。

（2）美观大方，安排合理。

（3）使用所给素材。

（4）不得少于16张幻灯片。

（5）整体效果美观大方、风格统一。

训练时长：0.5课时

训练建议：教师指导学生分析样例，引导学生独立完成任务。

参考样例：最终效果如图3-1-11所示。

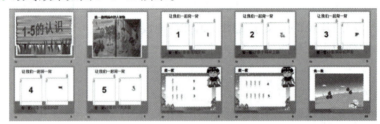

图 3-1-11　最终效果图

4.《猜字谜》课件制作

张老师是从教十余年的小学语文老师，她最善于使用多种形式及方法进行教学，这对小学低年级孩子来说很有吸引力，孩子们都很喜欢她。这不，为了激发学生的学习兴趣，帮助学生上好《猜字谜》一课，让学生认识"相、遇、喜"等生字，能正确、规范地书写"字、左、右"等生字，掌握识字规律，张老师决定使用演示文稿辅助教学的形式。现在，张老师准备了一些参考资料，包括动画、文字资料等，但还缺少一些必要的图片，你能帮助她进行设计吗？

训练目的：学会使用母版进行分类、对外部文件进行调用、对文字材料的信息进行提取。

训练要求：

（1）使用母版制作。

（2）风格统一，美观大方，安排合理。

（3）使用所给素材。

（4）不得少于30张幻灯片。

训练时长：2课时

训练建议：学生小组完成。小组分成4~5人，整体构思1人、幻灯片母版设计1人、资料收集整理 1 人、作品整合 1~2 人。

参考样例：最终效果如图 3-1-12 所示。

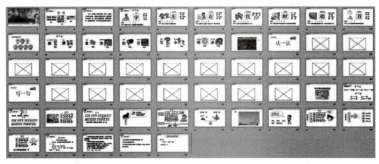

图 3-1-12　最终效果图

5. 新产品介绍

小张是某公司的产品策划人员，最近公司新推出一款环保产品，正在进行产品推广。公司领导还有一个小时就要召开一个新产品的发布会了，但是领导突然发现忘记携带产品介绍文案了，需要小张在一个小时之内马上做出一个关于新产品介绍的演示文稿，请你帮小张设计一下，力求简洁、大方，风格统一。

训练目的：学会主题和对象的配合使用。

训练要求：

（1）使用母版制作，可辅助使用主题。

（2）风格统一，美观大方，安排合理。

（3）使用所给素材。

（4）不得少于 20 张幻灯片。

（5）内容完整，突出主题，整体效果简洁大方，突出产品绿色环保的风格。

训练时长：1 课时。

训练建议：教师指导学生分析样例，引导学生独立完成任务。

参考样例：最终效果如图 3-1-13 所示。

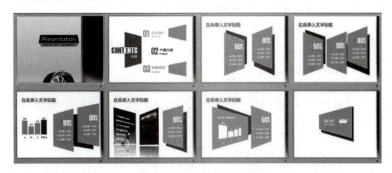

图 3-1-13　最终效果图

3.1.7 学习反馈

	知识要点		掌握程度 *
知识获取	学会利用母版功能快速设置文字格式		
	学会在母版中插入图片作为幻灯片的背景		
	熟练掌握幻灯片中对象格式的基本设置		
	掌握幻灯片日期、编号、页脚的设置		
技能掌握	实训案例	技能目标	掌握程度 *
	任务1：毕业展示	学会设置不同版式幻灯片母版	
	任务2：景点介绍	学会用母版设置统一对象	
	任务3：数学课件制作	学会使用母版进行分类展示、对文字材料信息进行提取	
	任务4：《猜字谜》课件制作	学会使用母版进行分类、对外部文件进行调用、对文字材料的信息进行提取	
	任务5：新产品介绍	学会主题和对象的配合使用	
学习笔记			

* 知识掌握程度满分为5分，学生可根据训练情况自行评价。

3.2 插入相册——制作电子相册

PowerPoint 2010 是一款制作演示文稿的专业软件,其拥有非常强大的功能,深受广大用户的青睐。在使用 PowerPoint 制作演示文稿的过程中,支持在幻灯片中插入文本、图形、视频和音频等不同类型的对象,使演示文稿更加生动、有趣,富有吸引力,使内容更易于理解记忆,1 张图胜过 1 000 个字。本项目在基本操作的基础上综合了之前的知识,如图 3-2-1 所示。

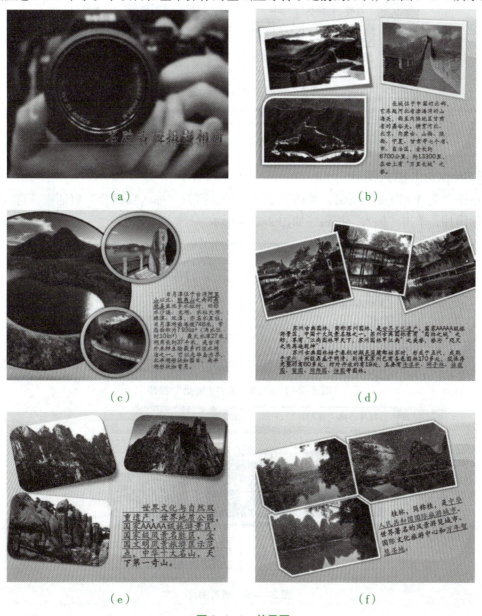

图 3-2-1 效果图

3.2.1 新建相册、插入图片

在 PowerPoint 2010 中，使用 PPT 幻灯片创建相册是非常方便的。很多人不知道这个功能，下面介绍在 PowerPoint 2010 中创建相册的具体操作方法。

【Step01】使用"新建相册"命令

单击"插入"选项卡"图像"组"相册"按钮下方的黑色三角，单击"新建相册"命令按钮，弹出对话框，如图 3-2-2 所示。

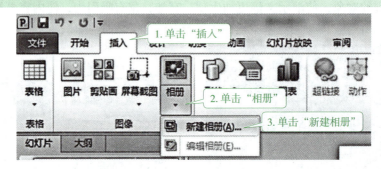

图 3-2-2 选择"新建相册"选项

【Step02】插入图片

单击"文件/磁盘"按钮，如图 3-2-3 所示。打开"插入新图片"对话框，选择需要插入的图片，单击"插入"按钮，如图 3-2-4 所示。

图 3-2-3 单击"文件/磁盘"按钮

图 3-2-4 插入图片

3 PowerPoint 演示文稿制作

【Step03】预览图片

如果要预览相册中的图片文件，请在"相册中的图片"下单击要预览的图片的文件名，然后在"预览"窗口中查看该图片。如图 3-2-5 所示。

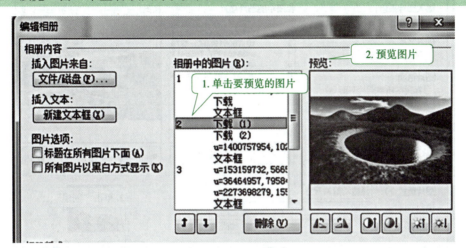

图 3-2-5　预览图片

【Step04】更改图片显示顺序

要更改图片的显示顺序，请在"相册中的图片"下单击要移动的图片的文件名，然后使用箭头按钮在列表中向上或向下移动该名称，如图 3-2-6 所示。

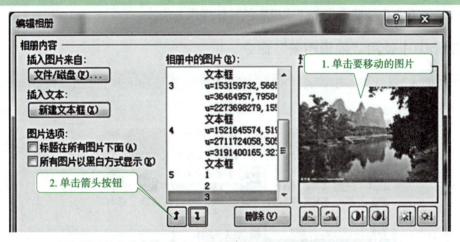

图 3-2-6　更改图片显示顺序图片

【Step05】创建相册

在"相册"对话框中单击"创建"，如图 3-2-7 所示。

163

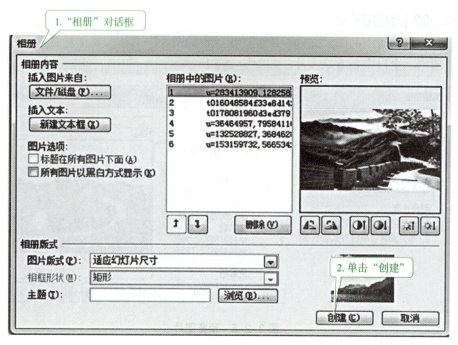

图 3-2-7 单击"创建"按钮

3.2.2 相册内容、版式设置

在 PowerPoint 2010 中，用户创建相册的同时，可以为相册添加内容和设置版式，下面介绍 PowerPoint 2010 中相册内容、版式设置的具体操作方法。

【Step01】使用"编辑相册"命令

单击"插入"选项卡"图像"组"相册"按钮下方的黑色三角，单击"编辑相册"命令按钮，如图 3-2-8 所示。

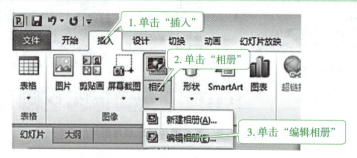

图 3-2-8 选择"编辑相册"选项

【Step02】键入相册内容，设置图片版式

设置"图片版式"，设置"相框形状"，单击"新建文本框"命令按钮，键入文字，如图 3-2-9 所示。

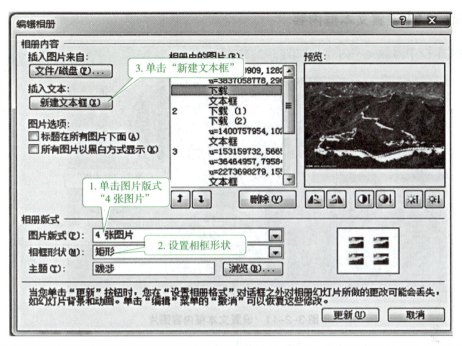

图 3-2-9 设置相册内容和相册版式图片

【Step03】设置图片样式

选中需要编辑的图片,在"图片工具"选项卡的"图片样式"组中选择需要设置的图片样式,如图 3-2-10 所示。

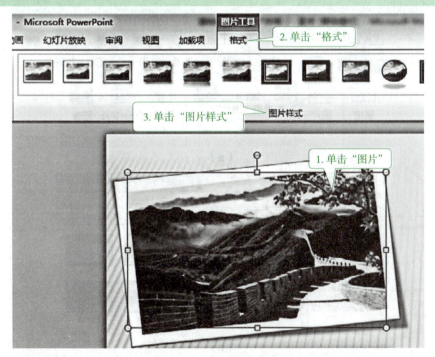

图 3-2-10 设置图片样式

【Step04】设置文本框内容

在文本框中添加文字内容,如图 3-2-11 所示。

图 3-2-11　设置文本框内容图片

3.2.3　幻灯片标题设置

【Step01】插入图片

单击"插入"选项卡"图片"组"插入图片"对话框,选择"图片1",如图 3-2-12 所示。

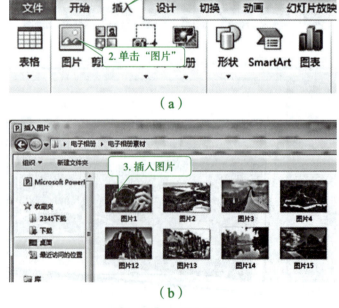

图 3-2-12　插入图片

3 PowerPoint 演示文稿制作

【Step02】绘制横排文本框

单击"插入"菜单"文本框"面板"横排文本框",绘制"横排文本框",在其中输入内容,如图 3-2-13 所示。

图 3-2-13　绘制横排文本框图片

3.2.4　幻灯片动画及幻灯片切换效果设置

幻灯片的动画效果是针对每张幻灯片中的内容进行的动画设置,而幻灯片的切换效果针对的是幻灯片在翻页时幻灯片和幻灯片之间的动画设计。

本案例成品中各张幻灯片的动画(从左向右)及切换效果设置如下:

第一张动画效果为"飞入",切换效果为"碎片";

第二张动画效果为"阶梯状""弹跳""形状""浮入",切换效果为"揭开";

第三张动画效果为"锲入""翻转式由远及近""翻转式由远及近""棋盘",切换效果为"棋盘";

第四张动画效果为"浮动""浮动""浮动""淡出",切换效果为"百叶窗";

第五张动画效果为"切入""切入""玩具飞车""随机线条",切换效果为"立方体";

第六张动画效果为"回旋""回旋""回旋""菱形",切换效果为"翻转"。

【Step01】设置动画效果

需要哪个文字或者图片有动画效果,首先选中该对象,然后单击"动画"选项卡"动画"组进行设置。要想让动画更加高级,可以在"高级动画"组中进一步设置,如图 3-2-14 所示。

图 3-2-14　动画效果

【Step02】设置幻灯片切换

单击"切换"选项卡,在"切换到此幻灯片"组中对幻灯片的切换方式进行设置。要想让切换更加高级,可以在"效果选项"中或者"计时"组中进行相关设置,如图3-2-15所示。

图 3-2-15 幻灯片切换

3.2.5 拓展训练

 知识拓展

(1)在新建的相册中插入不同的图片。
(2)相册版式的设置。
(3)给幻灯片添加动画效果。
(4)幻灯片切换效果的设置。

随堂练习

1. 毕业青春纪念相册

还有一个星期就要毕业了,小张想制作一个毕业相册来纪念在校园生活的点点滴滴。

时间有限,为了更好地展示青春风采,小张决定用演示文稿制作毕业相册,为使自己的毕业相册效果更好,他在新建的相册中添加了"动画效果"和"切换效果"。请你帮他设计一份毕业青春纪念相册。

训练目的:
(1)学会使用演示文稿插入相册。
(2)学会在相册中设置"动画效果"和"切换效果"。

训练要求:
(1)使用演示文稿创建相册。
(2)在相册中添加动画和切换效果。
(3)以小组为单位进行整体设计,但是也要突出个人。
(4)内容至少要包含校园环境、学习、生活、参加校园活动几部分图片,可根据情况添加其他内容。

训练时长: 1课时。

训练建议: 教师指导学生分析样例,引导学生独立完成任务。

参考样例: 效果如图3-2-16所示。

图 3-2-16　效果图

2. 个人照片电子相册

很多同学想要将平时的照片制作成漂亮的电子相册，可以配上文字、音乐，并且自动播放，随时可修改，这时，演示文稿无疑是最为简单、方便的工具。请你用演示文稿进行演示。

训练目的：学会给相册添加照片和背景音乐。

训练要求：

（1）使用演示文稿制作；

（2）在相册中添加音乐；

（3）美观大方，安排合理；

（4）不得少于 10 张幻灯片。

训练时长：1 课时。

训练建议：可安排小组四人分工协作，收集个人照片 1 人、设计电子相册 1 人、搜集图片及音乐文件 1 人、进行作品整合 1 人。

参考样例：效果如图 3-2-17 所示。

图 3-2-17　效果图

3.2.6 学习反馈

	知识要点		掌握程度 *
知识获取	学会新建相册、插入图片		
	学会设置相册内容和版式		
	熟练掌握幻灯片之间的切换和动画效果的设置		
技能掌握	实训案例	技能目标	掌握程度 *
	任务1：毕业青春纪念相册	学会幻灯片中动画效果的设置 幻灯片之间的切换效果的使用	
	任务2：个人照片电子相册	学会给相册添加照片和背景音乐	
学习笔记			

* 知识掌握程度满分为 5 分，学生可根据训练情况自行评价。

3.3 动作按钮、幻灯片链接——互动选择题

在播放 PPT 的过程中，经常需要链接到网页或者是 PPT 的其他部分，甚至是电脑中的其他文件，那么设置一个超链接就非常有必要了。超级链接可以使播放更加灵活，本节就以选择题为例来进行讲解。其效果如图 3-3-1 所示。

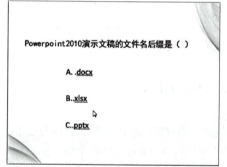

图 3-3-1 效果图

3.3.1 "互动选择题"幻灯片初步制作

【Step01】打开素材

打开素材中的文件"互动选择题.pptx"。

【Step02】编辑幻灯片的内容

（1）编辑第一张幻灯片，插入文本框，如图 3-3-2 所示。图 3-3-3 所示为输入文本框内容。

图 3-3-2　插入文本框

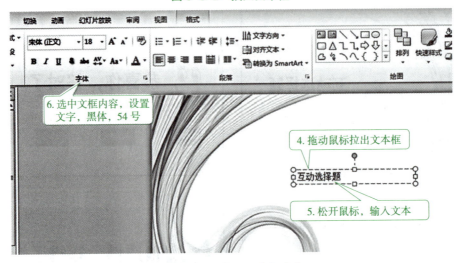

图 3-3-3　输入文本框内容

（2）编辑第二张幻灯片，方法同第一张幻灯片，题目和选项需要设置成独立的文本框，不要在一个文本框内。其效果如图 3-3-4 所示，分别输入不同内容的文本框。

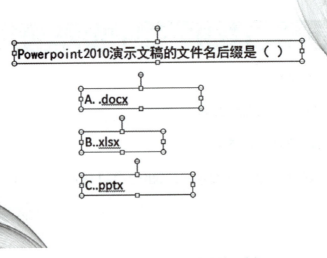

图 3-3-4　分别输入不同内容的文本框

（3）编辑第三张幻灯片，插入图片及编辑文本。插入图片步骤如图 3-3-5 所示。

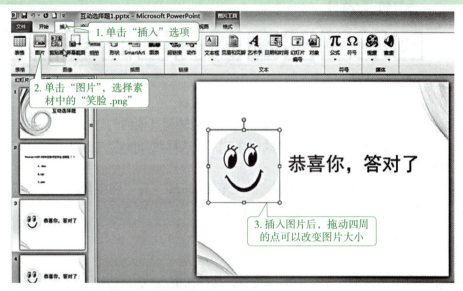

图 3-3-5　插入图片

（4）参照步骤（3）完成第四张幻灯片的制作，如图 3-3-6 所示。

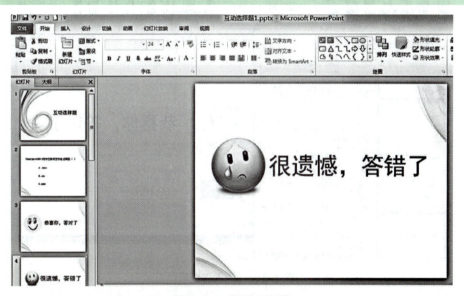

图 3-3-6　制作幻灯片

3.3.2　插入动作按钮，设置链接

为了使演示文稿更加生动，可以在幻灯片中给各个对象设置动画效果。使用动作按钮和超链接，可以实现幻灯片之间、幻灯片与其他文件、幻灯片与网页、幻灯片与邮件之间的灵活跳转，从而使播放更加灵活。

PowerPoint 提供了许多的动作按钮，如图 3-3-7 所示。

图 3-3-7 动作按钮

利用这些按钮可以直接将幻灯片在播放的时候跳转到其他的幻灯片、文件、声音、影片等地方去,许多按钮很容易理解,下面我们在"互动选择题.pptx"中插入自定义按钮来理解动作按钮的使用。

请将"随堂笔记"动作按钮链接到"随堂笔记.docx",将"网络帮助"动作按钮链接到百度网址,将"重做"动作按钮链接到第二张幻灯片。

【Step01】动作按钮的插入

打开"互动选择题.pptx"中的第三张幻灯片,并插入动作按钮,如图 3-3-8 所示。

图 3-3-8 插入动作按钮

【Step02】动作按钮链接到文件

拖动动作按钮,或者右键单击动作按钮,弹出快捷菜单,选择"编辑超链接",可打开"动作设置"对话框,进行设置,如图 3-3-9 和图 3-3-10 所示。

3 PowerPoint 演示文稿制作

图 3-3-9 选择链接的目标

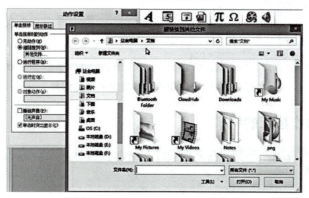

图 3-3-10 选择链接的文件（随堂笔记 .docx）

【Step03】动作按钮链接到网页

同时，也可以把动作按钮链接到某一个网页，其步骤和效果如图 3-3-11 所示。

图 3-3-11 动作按钮链接到网址

175

【Step04】动作按钮链接到某张幻灯片

动作按钮也可以链接到幻灯片,具体操作如图 3-3-12 所示。

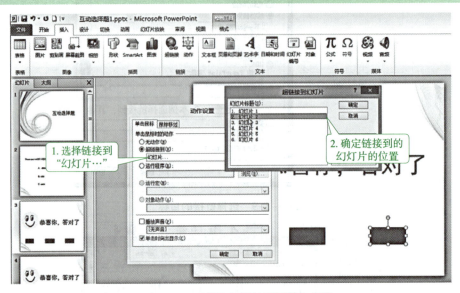

图 3-3-12　动作按钮链接到某张幻灯片

【Step05】动作按钮的编辑

动作按钮设置好链接后,也可以进行自身的样式设置及文字编辑,操作如图 3-3-13 所示。

图 3-3-13　编辑动作按钮

【Step06】插入另外两个动作按钮,用同样方法进行设置

插入另外两个动作按钮,用同样方法进行设置,其效果如图 3-3-14 所示。

图 3-3-14 插入"动作"按钮

【Step07】重复以上步骤完成第四张幻灯片。

重复以上步骤完成第四张幻灯片,效果如图 3-3-15 所示。

图 3-3-15 第四张幻灯片效果

3.3.3 设置"选项"超级链接

PPT 的超级链接除了动作按钮外,文字、图片、多媒体文件等,都可以设置超级链接。下面将第二张幻灯片中的选择项内容进行超级链接设置,此选项中的内容 A、B 为错误答案,链接到第四张幻灯片,C 为正确答案,链接到第三张幻灯片。

【Step01】设置 A 选项超链接

打开素材中的文件"互动选择题 1.pptx",选择第二张幻灯片,进行超链接设置,如图 3-3-16 所示。

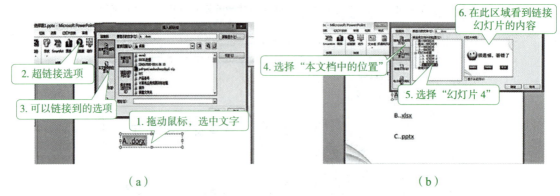

图 3-3-16 选项超链接设置

【Step02】设置 B、C 选项超链接

重复以上步骤，将"B.xlsx"链接到第四张幻灯片、"C.pptx"链接到第三张幻灯片，完成后的效果如图 3-3-17 所示。

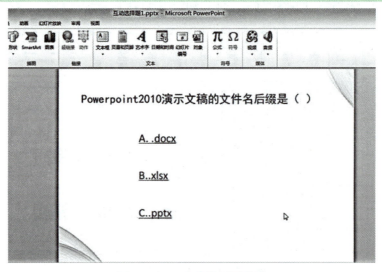

图 3-3-17 超链接设置效果

技巧点拨：

链接后的文字会出现下划线，并且颜色发生改变，下面的方法可以将此问题解决。

（1）执行此操作需要没有进行链接，或已经取消了链接。

（2）选中文本框进行链接设置，一定要注意不是文字。

选择文字后，框是虚线，如图 3-3-18 所示；选择文本框后，框是实线，如图 3-3-19 所示。

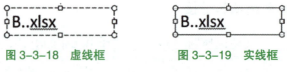

图 3-3-18 虚线框　　　　图 3-3-19 实线框

（3）选择超链接设置即可实现。

3.3.4 拓展训练

 知识拓展

（1）插入不同的形状作为动作按钮实现在本文件不同幻灯片之间的跳转。
（2）将文本和动作按钮链接到视频、网页。
（3）综合应用，利用超链接功能，实现 PPT 的多形式链接。
（4）插入不同的形状作为动作按钮，实现在本文件不同幻灯片之间的跳转。

 随堂练习

1. 年度工作总结

临近年终，公司要求各部门各位员工将自己的工作做一个汇总报告，小王计划使用演示文稿的方式将自己一年来的情况展示给同事们。

训练目的： 插入不同的形状作为动作按钮，实现在本文件不同幻灯片之间的跳转。

训练要求：

（1）使用演示文稿中的"插入/形状"命令，设置超链接实现各个幻灯片之间的跳转。
（2）幻灯片整体张数不少于 3。
（3）风格统一，美观大方。
（4）内容至少要包含思想方面、业务方面、明年的奋斗目标等几项，可根据情况添加其他内容。

训练时长： 1 课时。

训练建议： 教师指导，引导学生独立完成。

参考样例： 年度工作总结效果图如图 3-3-20 所示。

图 3-3-20 效果图

2. 课件制作

丽丽是刚毕业的一名大学生，在一所职业学校实习，她计划做一个上课用的课件，课件的内容包括本课知识的图文讲解、实战动手的操作视频及网上查到的一些相关的知识。

训练目的： 将文本和动作按钮链接到视频、网页等。

训练要求：

（1）使用超链接制作。
（2）使用所给素材进行链接，鼓励自创。
（3）不得少于 3 张幻灯片。
（4）安排合理，实现多形式的链接。

训练时长：1 课时。

训练建议：教师巡回指导，学生协作完成任务。

参考样例：效果图如图 3-3-21 所示。

图 3-3-21　效果图

3. 砸金蛋

公司年终为回报广大员工，举办了一个砸金蛋的活动。请设计一个砸金蛋的幻灯片，文件名为"砸金蛋.pptx"，要求能让中奖的将联系方式留下，没有中奖的浏览公司网站后获得一分惊喜。

训练目的：综合应用，利用超链接功能，实现 PPT 的多形式链接。

训练要求：

（1）使用演示文稿中的超链接功能来实现各种形式的链接。

（2）幻灯片整体张数不少于 3，且具有以下方面内容。

①第一张幻灯片的"我要留言"，超链接到电子邮件地址 gongsi@126.com，要求"我要留言"字体颜色不变，不要有下划线。

②对于第一张幻灯片中的三个金蛋，第一个金蛋和第三个金蛋链接到第二张幻灯片，第二个金蛋链接到第三张幻灯片。

③第二张和第三张插入的动作按钮实现以下超链接：

"再砸一次"超链接到第一张幻灯片；

"领奖方式"超链接到"领奖人员信息.docx"；

"公司网站送惊喜"超链接到本公司的网站 http://bengongsiwangzhan.com。

（3）以小组分工合作方式来完成。

（4）内容至少要包含自我介绍、个人荣誉、所学知识技能、作品展示几大部分，可根据情况添加其他内容。

训练时长：1 课时。

训练建议：以小组分工合作形式展开，教师指导。

参考样例：最终效果图如图 3-3-22 所示。

图 3-3-22　最终效果图

3.3.5　学习反馈

	知识要点		掌握程度
知识获取	学会使用动作按钮实现在本文件不同幻灯片之间的跳转		
	学会将文本和动作按钮链接到视频、网页等		
	掌握利用超链接功能，实现 PPT 的多形式链接		
技能掌握	实训案例	技能目标	掌握程度
	任务 1：年度工作总结	插入不同的形状作为动作按钮，实现在本文件不同幻灯片之间的跳转	
	任务 2：课件制作	将文本和动作按钮链接到视频、网页	
	任务 3："砸金蛋" PPT 制作	综合应用，利用超链接功能，实现 PPT 的多形式链接	
学习笔记			

＊知识掌握程度满分为 5 分，学生可根据训练情况自行评价。

3.4 动画效果、幻灯片切换效果——环保公益宣传片

在使用 PowerPoint 制作演示文稿的过程中,支持在幻灯片中插入文本、图形、视频和音频等不同类型的对象,使演示文稿更加生动、有趣,富有吸引力,使内容更易于理解记忆。以环保公益宣传片为例,进行设计,如图 3-4-1 所示。

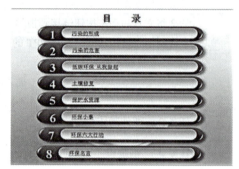
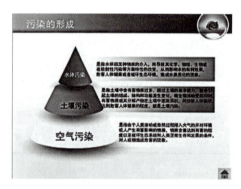
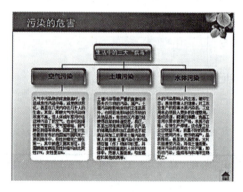

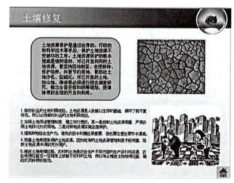

图 3-4-1 环保公益宣传片

图 3-4-1 环保公益宣传片（续）

根据幻灯片的主题"环保公益宣传片"，寻找相关的图片、数据和文字，然后确定大致的思路。本例制作了 11 张幻灯片，围绕 8 个小部分（污染的形成、污染的危害、低碳环保从我做起、土壤修复、保护水资源、环保小事、环保六大行动、环保名言）展开制作。

第一张幻灯片为标题幻灯片，第二张幻灯片为目录幻灯片，每个标题对应下面幻灯片设置了超链接。第三到十一张幻灯片为内容幻灯片。

3.4.1 选择幻灯片模板

单击"设计"选项卡"主题"组，选择相应的幻灯片模板。效果如图 3-4-2 所示。

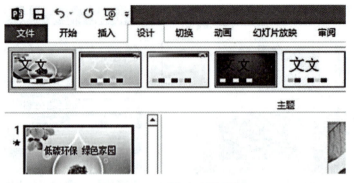

图 3-4-2 选择幻灯片模板

3.4.2 幻灯片的版式

根据不同内容,各幻灯片采用不同的版式,本例中 11 张幻灯片分别采用了"只有标题""空白""标题和文本""空白""标题和四项内容""标题和文本""标题和四项内容""空白""空白""标题和文本""只有标题"。

单击"开始"菜单→"幻灯片"面板→"新建幻灯片"命令按钮,弹出可选择的各种版式,如图 3-4-3 所示。

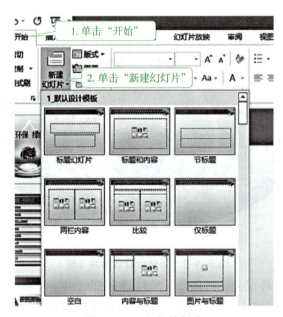

图 3-4-3 幻灯片版式

3.4.3 设置动画效果

在幻灯片中不但可以添加丰富的多媒体对象,还可以添加各种动画效果,让演示文稿更加生动、有趣。

本例各张幻灯片内的动画效果分别采用了:

(1)第一张标题动画效果为"放大"。

（2）第三张标题动画效果为"百叶窗"、圆锥动画效果为"切入"、三个小标题动画效果为"棋盘"、文本和文本背景动画效果为"切入"。

（3）第四张标题动画效果为"百叶窗"、四个小标题背景动画效果为"飞旋"、四个小标题动画效果为"向内溶解"、三个文本背景动画效果为"下降"、三个文本动画效果为"切入"。

（4）第五张标题动画效果为"盒状"、图片的动画效果为"菱形"。

（5）第六张标题动画为"棋盘"，"土壤"动画效果为"轮子"，文本动画效果为"向内溶解"，矩形动画效果为"翻转式由远及近"，素描图片动画效果为"回旋"，红色文本动画效果为"玩具风车"。

（6）第八张标题动画效果为"空翻"，背景动画效果为"菱形"，球形动画效果为"弹跳"，"小事集合"动画效果为"挥舞"，四个文本背景动画效果为"玩具风车"，文本动画效果为"切入"；第九张标题动画效果为"棋盘"，副标题背景动画效果为"棋盘"，副标题动画效果为"挥鞭式"，"地球"动画效果为"玩具风车"，六个小标题动画效果为"劈裂"，六个箭头动画效果为"切入"。

（7）第十张七句名言动画效果为"百叶窗"。

（8）第十一张标题动画效果为"放大"。

选中需要设置动画效果的文字或者图片，单击"动画"选项卡"动画"组进行设置。要想让动画更加丰富，可以选择其他面板进行搭配设置，如图3-4-4所示。

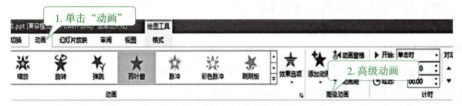

图3-4-4　动画效果

3.4.4　设置幻灯片切换效果

幻灯片的动画效果是针对每张幻灯片中的内容进行的动画设置，而幻灯片的切换效果针对的是幻灯片在翻页时幻灯片和幻灯片之间的动画设计。

本例成品中各张幻灯片的切换效果分别采用了：

（1）第一张幻灯片切换效果为"时钟"。

（2）第二张幻灯片切换效果为"溶解"。

（3）第三张到第十张幻灯片切换效果为"百叶窗"。

（4）最后一张幻灯片切换效果为"时钟"。

单击"切换"菜单对幻灯片的切换方式进行选择。要想让切换更加高级，可以选择其他面板进行搭配设置，如图3-4-5所示。

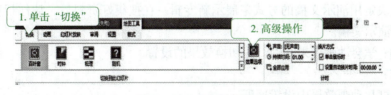

图3-4-5　幻灯片切换

3.4.5 拓展训练

 知识拓展：

（1）幻灯片版式在幻灯片中的应用。
（2）幻灯片中动画效果的设置。
（3）幻灯片切换效果的使用。

 随堂练习：

1. 一款手机的功能介绍

某公司研制了一款新型手机，要对社会大众进行宣传推广。公司领导还有一个小时就要召开新产品的发布会了，但是突然发现产品介绍文案忘记携带了，需要小张在一个小时之内马上做出一个关于新产品介绍的演示文稿，请你帮小张设计一下，要求有动态效果。

训练目的： 学会动画效果和幻灯片切换效果的设置。

训练要求：

（1）根据幻灯片的不同内容选择不同的版式。
（2）每张幻灯片设置不同的动画效果。
（3）每张幻灯片设置不同的切换效果。

训练时长： 1课时。

训练建议： 教师指导学生分析样例，引导学生独立完成任务。

参考样例： 手机功能介绍演示稿，如图3-4-6所示。

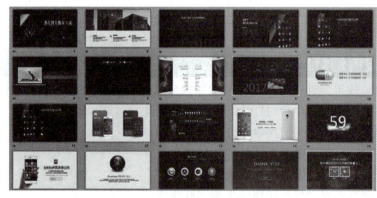

图3-4-6 演示稿效果图

2. 一位歌手的新专辑介绍

还有一个星期就要召开李荣浩新专辑发布会了。公司为了让歌迷更好地了解新专辑内容及创作过程，决定用演示文稿的方式来展示新专辑。在搜集好资料后，请你帮助他们分工设计一份发布会演示文稿。

训练目的： 学会动画效果和幻灯片切换效果的设置。

训练要求：

（1）在幻灯片动画效果中设置速度。

（2）在幻灯片切换中设置声音和换片方式。

训练时长：1课时。

训练建议：教师指导学生分析样例，引导学生独立完成任务。

参考样例：效果图如图3-4-7所示。

图3-4-7　演讲稿效果图

3. 致敬科比

校篮球社的社员们都非常喜欢NBA篮球明星科比，尤其是卢卡斯，他特别崇拜科比。他最近学习了PPT幻灯片的制作，就想到了以自己的偶像为内容制作一套幻灯片。

训练目的：学会动画效果设置和幻灯片切换。

训练要求：

（1）根据幻灯片的不同内容选择不同的版式。

（2）每张设置动画效果。

（3）设置幻灯片切换效果。

训练时长：1课时。

训练建议：教师指导学生分析样例，引导学生独立完成任务。

参考样例：效果图如图3-4-8所示。

图3-4-8　效果图

4. 读书笔记

最近有一本名叫《跨界》的书非常火爆，某读书社的社长想让已经阅读过这本书的小明制作一个读书笔记的稿件，并和社里的其他小伙伴分享这本书的精华，小明决定使用PPT幻灯片来制作这次的读书笔记。

训练目的：学会动画效果设置和幻灯片切换。

训练要求：
（1）根据幻灯片的不同内容选择不同的版式。
（2）每张设置动画效果。
（3）设置幻灯片切换效果。
训练时长： 1课时。
训练建议： 教师指导学生分析样例，引导学生独立完成任务。
参考样例： 效果图如图3-4-9所示。

图3-4-9 效果图

3.4.6 学习反馈

知识获取	知识要点		掌握程度
	学会幻灯片中不同版式的应用		
	学会对幻灯片中的对象进行动画效果的设置		
	熟练掌握幻灯片之间的切换		
技能掌握	实训案例	技能目标	掌握程度
	任务1：一款新手机的发布介绍	学会使用不同的幻灯片版式	
	任务2：一位歌手的新专辑介绍	学会幻灯片中动画效果的设置幻灯片之间的切换效果的使用	
	任务3：致敬科比	学会动画效果设置和幻灯片切换	
	任务4：读书笔记	学会动画效果设置和幻灯片切换	
学习笔记			

＊知识掌握程度满分为5分，学生可根据训练情况自行评价。

3.5 幻灯片放映设置与演示文稿打包——学校宣传片

根据幻灯片的主题"学校宣传片",寻找相关的图片、数据和文字,然后确定大致的思路,本例我们制作了 7 张幻灯片,围绕 5 个小部分(简介、专业设置、人力资源、各色活动、各项成果)展开制作。效果图如图 3-5-1 所示。

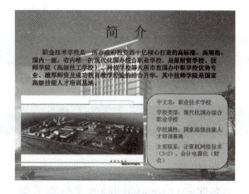

图 3-5-1 效果图

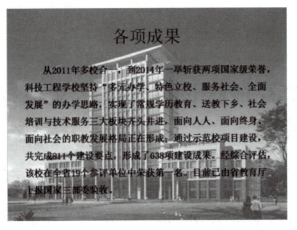

图 3-5-1　效果图（续）

3.5.1　设置幻灯片版式

第一张幻灯片为标题幻灯片，其他幻灯片为内容幻灯片。

3.5.2　设置动画效果

在幻灯片中不但可以添加丰富的多媒体对象，还可以添加各种动画效果，让演示文稿更加生动、有趣。

本书各张幻灯片内的动画效果分别采用了：

（1）第一张幻灯片标题动画效果为"形状"；

（2）第二张幻灯片标题动画效果为"百叶窗"，文本动画效果为"棋盘"，图片动画效果为"菱形"，圆角矩形背景动画效果为"缩放"，圆角文本动画效果为"百叶窗"；

（3）第三张幻灯片图片动画效果为"擦除"，文字动画效果为"淡出"；

（4）第四张幻灯片标题动画效果为"形状"，8张图片动画效果都为"阶梯状"，文本动画效果为"渐入"；

（5）第五张幻灯片标题动画效果为"棋盘"，5个小标题动画效果为"擦除"，图片动画效果为"随机线条"；

（6）第六张幻灯片图片和文字的动画效果均为"淡出"，并依次出现。

选中需要设置动画效果的文字或者图片，单击"动画"选项卡"动画"组进行设置，要想让动画更加丰富，可以选择其他面板进行搭配设置，如图 3-5-2 所示。

图 3-5-2　动画效果

3.5.3 设置幻灯片切换效果

幻灯片的切换效果是自右侧擦出，应用于全部幻灯片。

单击"切换"菜单对幻灯片的切换方式进行选择。要想让切换更加高级，可以选择其他面板进行搭配设置，如图3-5-3所示。

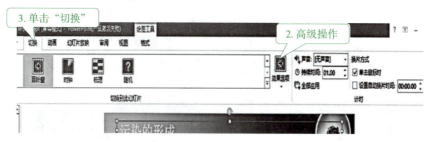

图 3-5-3　幻灯片切换效果图

3.5.4 自定义放映

【Step01】幻灯片放映

> 选择"幻灯片放映"选项卡，单击"开始放映幻灯片"组中的"从头开始"按钮，执行操作后，即可开始从头放映幻灯片，如图3-5-4所示。

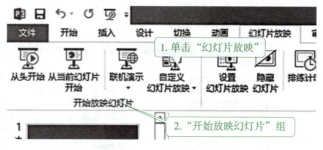

图 3-5-4　幻灯片放映

【Step02】从当前幻灯片开始播放

> 单击"开始放映幻灯片"组中的"从当前幻灯片开始"按钮，执行操作后，即可从当前幻灯片开始放映，如图3-5-5所示。"联机演示"是允许其他人在Web浏览器中观看你的幻灯片。

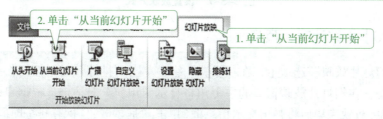

图 3-5-5　播放当前幻灯片

【Step03】自定义放映

单击"自定义幻灯片放映",弹出自定义放映对话框,单击"新建"按钮,可以自己定义幻灯片的放映顺序,可以全部放映,也可以部分放映,还可以颠倒顺序放映,如图3-5-6所示。建立的自定义放映还可以保存在自定义放映框中,以便今后使用。

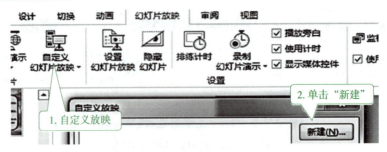

图3-5-6 自定义放映

【Step04】设置放映方式

在"设置"组中单击"设置幻灯片放映"按钮,弹出"设置放映方式"对话框,可设置放映类型、放映选项及换片方式等选项,然后单击"确定"按钮,如图3-5-7所示。

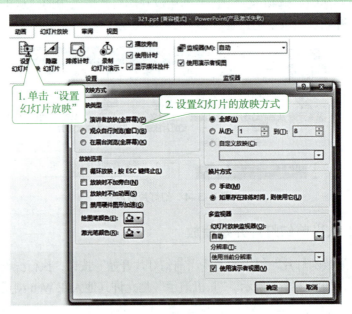

图3-5-7 设置放映方式

【Step05】排练计时、预演

选择"幻灯片放映"选项卡,在"设置"组中单击"排练计时"按钮,此时切换到幻灯片放映状态,在幻灯片放映窗口的左上角将显示"预演"对话框,根据自己的需要依次切换演示对象,放映完毕后将弹出提示信息框,单击"是"按钮,保存排练时间。在"设置"

组中选中"排练计时"复选框,放映幻灯片时即可使用排练时的速度放映幻灯片,如图 3-5-8 和图 3-5-9 所示。

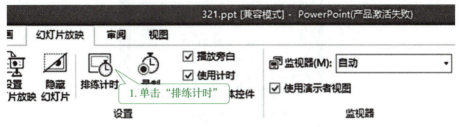

图 3-5-8　排练计时

图 3-5-9　"预演"对话框

3.5.5　演示文稿打包

人们可以将演示文稿打包成 CD,并刻录成光盘,这样将光盘放到其他电脑上就可以直接进行演示了。

单击"文件"选项卡,选择"导出"选项,然后选择"将演示文稿打包成 CD"选项,单击右窗格中的"打包成 CD"按钮,弹出"打包成 CD"对话框,为 CD 重新命名,并选择要复制的演示文稿,然后单击"复制到 CD"按钮,在弹出的信息提示框中单击"是"按钮,即可打包幻灯片,还可以复制到文件夹,如图 3-5-10 和图 3-5-11 所示。

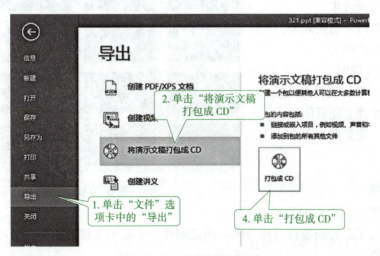

图 3-5-10　将演示文稿打包

图 3-5-11 打包成 CD

3.5.6 拓展训练

知识拓展

（1）幻灯片动画效果和切换效果。
（2）幻灯片的自定义放映。
（3）演示文稿的打包。

随堂练习

1. 求职简历

学生小陈是中职学校刚毕业的学生，他想找一份体面的工作，参加了某公司的招聘活动，公司要求他先做一份简历，介绍一下个人的基本情况。

时间紧急，为了更好地展现自己的情况，小陈决定制作一个演示文稿。请你帮他设计一份求职简历。

训练目的： 学会幻灯片放映设置。

训练要求：
（1）编辑幻灯片内容。
（2）设置动画效果。
（3）设置幻灯片切换效果。
（4）自定义放映。

训练时长： 1 课时。

训练建议： 教师指导学生分析样例，引导学生独立完成任务。

参考样例： 效果图如图 3-5-12 所示。

图 3-5-12 效果图

2. 企业介绍

外商近期要考察比亚迪股份有限公司，公司为了和外商签订合作合同。决定制作一个演示文稿介绍企业情况，请你帮忙设计一份企业介绍。

训练目的：学会演示文稿打包。
训练要求：
（1）设置动画效果。
（2）设置幻灯片切换效果。
（3）自定义放映。
（4）演示文稿打包。
训练时长：1 课时。
训练建议：教师指导学生分析样例，引导学生独立完成任务。
参考样例：

3.5.7 学习反馈

	知识要点		掌握程度
知识获取	学会对幻灯片中的对象进行动画效果的设置和幻灯片之间的切换设置		
	掌握自定义放映		
	掌握演示文稿打包		
技能掌握	实训案例	技能目标	掌握程度
	任务1：求职简历	学会自定义放映	
	任务2：企业介绍	学会演示文稿打包	
学习笔记			

* 知识掌握程度满分为 5 分，学生可根据训练情况自行评价。

附件：学生拓展训练测评情况汇总

章节	知识要点	实训案例	技能目标	学习过程分值	集训测试成绩
1.1 创建并编辑文档——自荐书	熟练中英文快速录入； 熟练文字格式的设置； 熟练文段落格式的基本设置； 掌握项目符号的使用； 掌握查找与替换功能的使用	任务1：文章录入	熟练中英文快速录入		
		任务2：古文赏析	熟练字符格式的设置		
		任务3：专业特色介绍	熟练段落格式的设置		
		任务4：节目单制作	掌握项目符号的使用		
		任务5：下载文档的格式整理	掌握查找与替换功能的使用		
1.2 表格——收货单	学会在Word中用不同的方法插入表格； 学会对表格进行基本调整，如插入、删除行列；合并、拆分单元格；设置行高、列宽等； 熟练掌握格式化表格的操作，如字符格式、对齐方式、边框、底纹的设置及添加斜线表头； 掌握对Word表格中数据的基本处理	任务1：年度计划产量表	学会设置边框底纹，数据计算		
		任务2：个人信息表	学会表格的基本调整		
1.3 绘制图形——制作图文通标识月/新生报到流程图	不同形状图形的绘制； 不同图形的调整方法，利用编辑顶点进行调整； 利用图形格式对话框对图形进行修饰，图形的移动、复制技巧； 图形中的文本与图形的位置调整	任务1：绘制新生报到流程图	掌握绘制不同图形与添加编辑文本的操作		
		任务2：绘制灯笼	掌握图形的修饰与图形的排列		
		任务3：绘制公共洗手间标识	掌握调整图形与移动复制图形的技巧，能绘制复杂的图形		
1.4 电子版板报排版	电子板报中表格的设计； 电子板报中文本与图片的编辑； 利用分栏与文本框调整页面的布局	任务1：制作招生简章	熟练Word 2010图文表格的混排操作		
		任务2：制作弘扬传统美德板报	熟练Word 2010图文的混排操作		
1.5 长文档的编辑与管理——毕业论文排版	能够根据需要设置标题级别及样式； 能够使用Word 2010提供的模板； 能够插入分隔符，页脚和页眉，设置文档奇偶页不同的页眉； 学会在文档中添加引用的方法 掌握目录生成的方法	任务1：会议报告	利用模板编辑与处理长文档		
		任务2：产品介绍	自定义完成长文档的编辑与处理		

附件：学生拓展训练测评情况汇总

章节	知识要点	实训案例	技能目标	学习过程分值	集训测试成绩
1.6 邮件合并——邀请函、准考证	了解邮件合并的概念及应用领域；了解邮件合并涉及的三个文档的关系；掌握邮件合并的步骤及技巧	任务1：制作邀请函，添加"先生"或"女士"字样	学会IF域的使用		
		任务2：在胸卡中插入照片	学会"Includepicture 域代码"的使用		
		任务3：制作奖状	学会使用邮件合并向导进行邮件合并		
		任务4：制作工资条	学会根据实际需要选择合并文档类型		
2.1 数据编辑——制作校历	熟练掌握利用设置单元格格式功能进行数据格式设置；熟练掌握表格插入、删除、行高、列宽等的设置；熟练掌握表格边框和底纹的设置；掌握表格的打印设置	任务1：学生成绩管理	学会设置数据文本格式		
		任务2：公司销售	学会数据格式的设置、边框设置		
		任务3：记账管理	学会计格式设置、表格的打印设置		
		任务4：个人开支	学会主题设置、货币格式设置、边框和底纹设置		
		任务5：轻松插入工资明细目数据行	学会快速插入工资明细目数据		
2.2 数据分析——建立成绩分析表	熟练掌握单元格数据计算及排序；熟练掌握建立图表；熟练掌握分类汇总和数据透视表	任务1：使用"分类汇总"分析年级各班各学科成绩	学会利用"据分类汇总"分析数据		
		任务2：使用"数据透视表"分析年级各班各学科成绩	学会数据透视表条件筛选		
		任务3：职工职称情况统计图	学会数据的计算与整理、学会插入图表		
		任务4：汽车市场历年销售情况表	学会设置表格标签颜色、数据排序及插入图表		
2.3 VLOOKUP函数——企业工资管理	VLOOKUP函数、CLOUMN函数嵌套	任务1：图书查询	学会VLOOKUP函数的∑值的多次使用		
		任务2：考生信息查询	熟悉VLOOKUP函数的运用，学会CLOUMN函数的使用		
		任务3：学生成绩统计	学会VLOOKUP函数的嵌套		
		任务4：计算机基础组2017年度10月份课时费统计表	进一步熟悉VLOOKUP函数的嵌套运用		

章节	知识要点	实训案例		技能目标	学习过程分值	集训测试成绩
2.4 透视表、透视图——教师上课情况分析	1. 熟练掌握基本数据格式修改 2. 学会使用数据透视表分类别进行统计 3. 熟练掌握数据透视图的制作	任务1：	学生成绩分析	学会数据透视表的Σ值的多次使用及顺序调整		
		任务2：	专业调查分析	学会数据透视表条件筛选		
		任务3：	销售情况分析	学会杂乱数据的整理，在数据透视表中设置筛选报表字段		
		任务4：	期末成绩分析	学会设置表格标签颜色，对数据透视表按照顺序进行设置		
		任务5：	停车场收费调整情况分析	使学生学会在同一工作表内按照不同类别设置多个数据透视表		
2.5 模拟分析与运算——银行还贷款	学会"模拟运算表"的运用 学会"单变量求解"的运用 熟练掌握图表的各项修饰设计 了解PMT函数的使用	任务1：	学生成绩预测	学会"单变量求解"的运用		
		任务2：	计算贷款金额	熟悉"单变量求解"的运用		
		任务3：	九九乘法表制作	学会双变量"模拟运算表"的运用		
		任务4：	鸡兔同笼求解	熟悉双变量"模拟运算表"的运用		
2.6 图表操作——建立公司利润表	掌握根据所选择的数据插入图表 学会在图表中添加数据，改变图表的类型	任务1：	制作销售数据表	根据图表选择的数据插入数据图表		
		任务2：	工资表的制作	学会在图表中添加数据，改变图表的类型		
		任务3：	成绩表分析	掌握图表的各项修饰设计		
3.1 幻灯片母版制作——自我介绍	1. 学会利用母版功能快速设置文字格式 2. 学会在母版中插入图片作为幻灯片的背景 3. 熟练掌握幻灯片中对象格式的基本设置 4. 掌握幻灯片日期、编号、页脚的设置	任务1：	毕业展示	学会设置不同版式幻灯片母版		
		任务2：	景点介绍	学会使用母版进行分类展示		
		任务3：	数学课件制作	学会使用母版插入图片作为幻灯片背景，对文字材料信息进行提取		
		任务4：	猜字谜课件制作	学会使用母版进行分类，对外部文件进行调用，对文字材料的信息进行提取		
		任务5：	新产品介绍	学会主题和对象的配合使用		
3.2 插入相册——制作电子相册	学会新建相册、插入图片； 学会设置相册内容和版式； 熟练掌握幻灯片之间的切换和动画效果的设置	任务1：	毕业青春纪念相册	学会幻灯片中动画效果的设置，幻灯片之间的切换效果的使用		
		任务2：	个人照片电子相册	学会相册添加照片和背景音乐		

附件：学生拓展训练测评情况汇总

章节	知识要点	实训案例	技能目标	学习过程分值	集训测试成绩
3.3 动作按钮、幻灯片链接——互动选择题	学会使用动作按钮实现在本文件不同幻灯片之间的跳转	任务1：年度工作总结	插入不同的形状作为动作按钮，实现在本文件不同幻灯片之间的跳转		
	学会将文本和动作按钮链接到视频、网页等	任务2：课件制作	将文本和动作按钮链接到视频、网页		
	掌握利用超链接功能，实现PPT的多形式链接	任务3：砸金蛋	综合应用，利用超链接功能，实现PPT的多形式链接		
3.4 动画效果、幻灯片切换效果——环保公益宣传片	学会幻灯片中不同版式的应用	任务1：一款新手机的发布介绍	学会使用不同的幻灯片版式		
	学会对幻灯片中的对象进行动画效果的设置	任务2：一位歌手的新专辑介绍	学会幻灯片中动画效果的设置幻灯片之间的切换效果的使用		
	熟练掌握幻灯片之间的切换	任务3：致敬科比	学会动画效果设置和幻灯片切换		
		任务4：读书笔记			
3.5 幻灯片放映设置与演示文稿打包——学校宣传片	学会对幻灯片中的对象进行动画效果的设置和幻灯片之间的切换设置	任务1：求职简历	学会自定义放映		
	掌握自定义放映设置	任务2：企业介绍	学会演示文稿打包		
	掌握演示文稿打包				
汇总分值		对应等级			

说明：
本训练册共有60个任务，均辅助专业平台进行测试，请将平时测试成绩及集训测试成绩填入表格内，作为最终学生平时成绩的参考项。
单个任务有效分值为5分，共60个任务，合计300分。对应等级如下：
240~300分：熟练； 180~240分：合格； 0~180分：生疏。

教师寄语